suhrkamp taschenbuch 1304

Stanisław Lem, geboren am 12. 9. 1921 in Lwów, lebt heute in Kraków. Er studierte Medizin und war nach dem Staatsexamen als Assistent für Probleme der angewandten Psychologie tätig. Privat beschäftigte er sich mit Problemen der Kybernetik, der Mathematik und übersetzte wissenschaftliche Publikationen. 1955 wurde Lem mit dem Goldenen Verdienstkreuz, 1959 mit dem Offizierskreuz der *Polonia Restituta* ausgezeichnet und erhielt 1976 den Großen Staatspreis für Literatur der VRP. Er ist Gründer der polnischen astronautischen Gesellschaft. Seit 1973 liest Lem als Dozent am Lehrstuhl für polnische Literatur an der Universität Kraków. Wichtige Veröffentlichungen: *Solaris* (1972), *Die vollkommene Leere* (1973), *Sterntagebücher* (1973), *Robotermärchen* (1973), *Das Hohe Schloß* (1974), *Summa technologiae* (1976), *Imaginäre Größe* (1976), *Der Schnupfen* (1977), *Phantastik und Futurologie I* und *II* (1977/78), *Die Stimme des Herrn* (1981), *Provokation* (1981), *Kyberiade* (1983), *Also sprach Golem* (1984), *Lokaltermin* (1985), *Philosophie des Zufalls* (1983/1985), *Frieden auf Erden* (1986).

Stanisław Lem war als Schriftsteller immer ungewöhnlich stark an theoretischen Problemen interessiert; schon in seinem erzählerischen Werk mischen sich Fiktion und Reflexion, und es verwundert daher nicht, daß er den Grundlagen der Literatur allgemein, der phantastischen Gattung und seiner eigenen Belletristik nachgegangen ist, und zwar gewissermaßen als Grenzgänger, der für die Literaturbetrachtung Methoden erschließt, die der Literaturkritik gemeinhin fremd sind. Den vorgeblichen wissenschaftlichen Anspruch der Strukturalistik verwirft er in einer brillanten Polemik mit Tzvetan Todorov als bloße Anmaßung, er selbst hält die Spieltheorie für ein geeigneteres Instrumentarium, den dynamischen Strukturen der Literatur zu Leibe zu rücken, und belegt es am Beispiel des »Antimärchens« des de Sade.

Dieser Band, eine Auswahl aus Lems literarischen Essays, enthält neben allgemeineren Betrachtungen auch Bemerkungen zu einigen wesentlichen Autoren der phantastischen Literatur, zu Grabiński, Dick, Wells und Słonimski, die ursprünglich als Vorworte oder Nachworte zu Büchern dieser Autoren erschienen. Zwei der Essays hat Lem gleich in deutscher Sprache verfaßt.

Über außersinnliche Wahrnehmung, ein weiterer Band mit Essays von Stanisław Lem, erscheint im 1. Halbjahr 1987, eine Sammlung bisher unveröffentlichter und verstreuter Essays des Autors wird folgen.

Stanisław Lem

Sade und die Spieltheorie

Essays
Band 1

Aus dem Polnischen von
Friedrich Griese

Suhrkamp

Der Text folgt der Ausgabe Stanisław Lem, *Essays*
Insel Verlag, Frankfurt am Main 1981

suhrkamp taschenbuch 1304
Erste Auflage 1986

Lizenzausgabe mit freundlicher Genehmigung des
Insel Verlags, Frankfurt am Main
Originaltitel am Schluß des Bandes
Suhrkamp Taschenbuch Verlag

Druck: Nomos Verlagsgesellschaft, Baden-Baden
Printed in Germany
Umschlag nach Entwürfen von
Willy Fleckhaus und Rolf Staudt

1 2 3 4 5 6 – 91 90 89 88 87 86

Inhalt

I

Tzvetan Todorovs Theorie des Phantastischen*

1. Was auch immer dem humanistischen Strukturalismus nachgesagt werden mag, er war der erste Versuch, das Theoretisieren über Literatur mit naturwissenschaftlicher Strenge zu betreiben. Das Wesen der berühmt gewordenen Strukturen, die den Raum des literarisch Erschaffbaren innen gattungsmäßig segmentieren und von außen umgrenzen, wurde nicht ganz deutlich festgestellt. Werden diese Strukturen entdeckt oder aber erfunden? Diese Frage rührt an den zweitausendjährigen Kampf des Realismus mit dem Nominalismus, dem – so die heutigen Meinungen – innerhalb der Naturwissenschaften der Endsieg zugefallen ist. Diese Frage läßt sich jedoch nicht so einfach beantworten, wenn man in der Humanistik die naturwissenschaftliche Strenge zum Forschungsparadigma machen will; denn in der Humanistik, insbesondere in der Literaturwissenschaft, gibt es nach wie vor keine Mittel zur Beweisführung von Verallgemeinerungen, die dem Falsifizierungstest unterworfen werden könnten. Wenn uns also die strukturalistische Theorie Modelle von Werken oder literarischen Gattungen darbietet, bleiben Zweifel wach: denn was haben wir eigentlich erhalten, eine ›richtige‹ Theorie oder aber nur ein verschwommenes Gebilde, das sich seiner logischen Notwendigkeit widerrechtlich rühmt? Eine naturwissenschaftliche Theorie ist einem Verbot gleichzusetzen, das niemals übertreten werden kann. Sie ist ein invariantes Relationennetz, invariant in dem Sinn, daß die theoretisch entdeckte (oder, wie es der Konventionalismus haben wollte – erfundene) Invarianz *allen Elementen* der Menge eigentümlich ist, auf die sich die betreffende Theorie bezieht. Somit kann uns eine ›gültige‹ Theorie darüber belehren, *was* der Fall sein kann und zugleich *was nicht* der Fall sein kann – innerhalb einer erforschten Menge (von Sternen, Atomen, Lebewesen, Kunstwerken, usw.). Die literaturtheoretischen ›Strukturen‹ entstammen der moder-

* Insel Verlag Frankfurt am Main 1974 (it 69)

nen Linguistik, die auch ›mathematische Linguistik‹ genannt wird. Diese Disziplin hat sich als erste der Willkürlichkeit entzogen, die alle bisherigen humanistischen Verallgemeinerungsversuche als theoretische *Unreife* abgestempelt hat. Es gibt nämlich in der Humanistik weder das empirische Experiment – als Prüfstein für den Wahrheitsgehalt von generellen Thesen – noch die logische Widerspruchslosigkeit, wie sie deduktive Wissenschaften (Logik, Mathematik) kennen. Dieses Fehlen von logischer Entscheidbarkeit und experimenteller Beweisbarkeit bedingte die soeben erwähnte Unreife der Humanistik, in der es nur Anschauungen, Auslegungen, Beschreibungsmodi geben kann, denen das Merkmal des Willkürlichen – als eines Gegensatzes zum objektiv Beweisbaren – anhaftet. Zwar ist die mathematische Linguistik weder so unfehlbar in ihren Resultaten noch so übereinstimmend in ihren Errungenschaften, wie es ihre Anhänger auf dem literarischen Gebiet – recht naiv – glauben, doch können wir hier nicht die strukturell-linguistischen Ausgangsstellungen der gesamten Humanistik überprüfen. Wir werden uns mit der Bemerkung begnügen müssen, daß die ›streng gewordene‹ Linguistik sich ohne Einschränkung *nur* auf vereinfachte, künstlich aufgebaute *Modelle* der Sprache anwenden läßt, doch nicht auf *bestehende,* ethnische Sprachen. Auch gibt es mehrere Klassen von Strukturen, deren sich diese Linguistik bedient. Sie sind der Mengenlehre, der Kombinatorik, der Algebra, der Statistik – also rein mathematischen Disziplinen –, aber auch der Informationstheorie entnommen. Nachdem sich die ungenügende Mächtigkeit dieses Begriffsarsenals bei der Lösung so manchen linguistischen Dilemmas gezeigt hatte, wurden in die Linguistik neue Untersuchungsparadigmen eingeführt. Weder die Lexikographie noch die Syntax bedarf der neuen Waffen, die der Spieltheorie entstammen: doch die erst zu konstruierende Theorie der Semantik (und a fortiori die der *Pragmatik*) werden sich bestimmt einmal mit spieltheoretischen Waffen rüsten müssen, und zwar aus folgendem Grunde: die deduktiv-logischen Methoden des Sprachmodellaufbaues haben sich auf semantischem Niveau als unzureichend erwiesen, weil die logische Widerspruchslosigkeit ihre Grundprämisse und notwendige Bedingung darstellt. Doch enthält jede ethnische Sprache Antinomien, also Widersprüche, die sich nicht austreiben lassen, weil sie für das normale Funktionieren der Sprache unentbehrlich sind. Für den Sprecher sind nun einmal Widersprüche notwendig, damit er gewisse Zustände anderen Sprechern übermitteln kann. Wenn man z. B. jemanden fragt, ›Schweigst du?‹ und die Antwort bekommt, ›Ja, ich schweige‹, aktualisiert der Antwortende eine typische Antinomie (weil er *spricht,* um über sein Schweigen, d. h. sein Nichtsprechen, berichten zu können).

Dieses Beispiel ist an sich trivial; doch je komplexer die sprachlichen Aussagen sind, desto gewichtiger ist in ihnen die von Antinomien gespielte Rolle: und diese Rolle wird heute bei der Schaffung literarischer Werke enorm verstärkt. Somit eignet sich die Spieltheorie vorzüglich zur Modellierung von Situationen, die mit Antinomien ›durchwachsen‹ sind, ja, die ihre außergewöhnliche Ausdruckskraft aus den sich verflechtenden Antinomien schöpfen. Die Spieltheorie modelliert nämlich Konfliktsituationen, und Konflikte machen das Wesen aller Spiele aus. Leider ist diese wichtige Mär nicht bis zu den literarischen Strukturalisten durchgedrungen, weshalb sie sich weiterhin mit rein deduktiven, Konflikte nicht abbildenden Modellen begnügen. Da ihnen die benutzte Begriffsapparatur dies nicht gestattet, sind sie unfähig, Konflikte kategoriellen Typs zu bemerken, auch wenn diese das Wesen gewisser literarischer Gattungen ausmachen. Bitte, sich diesen Umstand zu notieren, da er für den Theorieaufbau entscheidende Folgen hat.

2. Das Werk von Tzvetan Todorov enthält einen ersten Entwurf einer strukturalistischen Theorie des Phantastischen als einer literarischen Gattung. Unser Autor befaßt sich in der Einführung zu seinem Buch mit Bedenken und Dilemmas, die bei der Aufstellung einer Theorie der literarischen Gattungen fühlbar werden. Er wirft zuerst die Frage auf, welche Gattungen man aufstellen sollte: die formal möglichen oder die historisch eingetretenen? Was heißt: ob man sich ausschließlich mit den Gattungen beschäftigen sollte, die zu

historischen Tatbeständen wurden, oder ob man die Menge aller virtuellen Gattungen auf deduktivem Wege konstruieren sollte? Die zweitgenannte Genologie setzt natürlich eine bereits geschmiedete perfekte Theorie der Literatur voraus, denn nur aus einer solchen Theorie ließen sich die ›virtuellen‹, ›prospektiven‹, ›theoretisch möglichen‹ Gattungen deduzieren. Diesen merkwürdigen Gedanken scheint Todorov ganz ernst zu nehmen; wir werden uns mit der bündigen Bemerkung begnügen, daß es eine so mächtige Theorie ebensowenig geben kann wie eine a-priori-Geschichte der Menschheit. Ich glaube nicht, daß es sich lohnt, Todorovs Ansichten, die mit den meinen nicht übereinstimmen, in diesem Punkte einer genaueren Untersuchung zu unterwerfen. Auf die praktische Seite seiner Ausführungen werden wir bald zurückkommen.

Zweitens: Todorov erklärt, daß er alle Fragen der Ästhetik übergehen wird, da sie zu komplex seien, als daß sie schon heute erforscht und entschieden werden könnten. Die fatalen Folgen dieser Enthaltsamkeit werden wir in Kürze kennenlernen.

Die Bedenken dritter Art ergeben sich aus folgender Überlegung: Ein Werk wird um so mehr zum *Kunstwerk,* je *origineller* es ist. Die Meisterwerke ›wollen sich‹ deshalb dem gegebenen Gattungsparadigma nicht unterordnen, denn ihre Eigenart ist eben die Resultierende aller Abweichungen vom bisherigen Paradigma. Was das gattungseigentümliche Paradigma genau verkörpert, das gehört – laut Todorov – der Massenliteratur an: den Kriminal- und Spionageromanen, der Science Fiction usw. Daraus könnte man schließen, daß die strukturalistische Methode um so gewichtigere Resultate zu liefern vermag, je banaler, je schundähnlicher die von ihr untersuchten Werke sind, und daß sie um so peinlicher versagt und uns im Stich lassen muß, je relevanter, origineller die Texte sind, eben weil diese dem Gattungsparadigma besonders hartnäckigen Widerstand leisten. Also wird der Strukturalismus das literarisch Beste nicht mehr zu untersuchen wissen. Diese sich aufdrängende Schlußfolgerung versucht Todorov mit einem Plädoyer für den Strukturalismus zu entschärfen. Erstens, sagt er, kann die Theorie nur eine probabilistisch meßbare Gültigkeit haben; ein Werk kann, zweitens, mehreren verschiedenen Gattungen zugleich angehören; somit hat der Umstand, daß dieses oder jenes Werk das Invarianzprinzip des Aufbaues, das seine Theorie verkündet, nicht aufzuweisen vermag, für diese Theorie keine besonders schlimmen Folgen. Sie ist nämlich nur statistisch, nur im Sinne der Wahrscheinlichkeitsrechnung gültig.

Wir werden hier die Beschreibung weiterer Ausweichmanöver unseres Autors abbrechen, um auf einen relevanten Umstand hinzuweisen, den Todorov übersehen hat. Er meint, daß es folgende wichtige Differenz zwischen der Taxonomie aller Lebewesen und der Klassifikation aller Kunstwerke gibt: ein erblicher Mutant, d. h. ein ›originell‹ gebauter Organismus, verändert das Gattungsparadigma *nicht;* wenn man von der Gattung *Tiger* spricht, läßt sich diese genau bestimmen, auch wenn Tigermutanten möglich sind. Ein originelles Werk dagegen bedeutet die Verwandlung der gesamten Gattung; in einem spezifischen Sinne könnte man sogar sagen, daß ein völlig neuartiges Werk einer Aussage ähnelt, die im Augenblick ihres Aussprechens noch als ›ungrammatikalisch‹ betrachtet wurde. Diese intelligente Bemerkung macht uns bewußt, was für einen scharfsinnigen Literaturforscher wir in Todorov verloren haben, denn seine natürliche Intelligenz verläßt ihn in dem Maße, in dem er sich dem ›Strukturalisieren‹ überläßt. Todorov hat, von seinem Dogma geblendet, nicht bemerkt, daß es auf diesem Gebiet eine noch wichtigere Abhängigkeit gibt, die jeder Literaturforscher berücksichtigen muß. Die Relationen zwischen einer Klassifikation und den ihr unterworfenen Elementen sind in der Natur und in der Literatur grundverschieden. Was auch der Biologe als Taxonomist unternimmt, wenn er Lebewesen klassifiziert, seine Klassifikation kann keine Reaktionen seitens der klassifizierten Organismen provozieren. Die Schriftsteller dagegen werden sich mit der Zeit der genologischen Erstarrung auf dem Gebiet der Literatur bewußt, und da die Begabtesten unter ihnen das Banale, das Sich-Wiederholende scheuen, werden sie genötigt, gegen die herrschenden Gattungsparadigmen – und -grenzen – sich zu erheben. Zwar gibt es keinen engen Zusammenhang kausaler

Art zwischen dem Klassifizieren und der Entstehung neuer Werke, zwar kann man nicht behaupten, daß es die eindeutigen Klassifikationen sind, die die Autoren zur ›paradigmatischen‹ Revolte von umstürzlerischem Charakter provozieren, doch zeigt die Literaturgeschichte – wenn in größeren Zeitabschnitten betrachtet – das Wirken einer *Rückkopplung,* die es außerhalb der Kultur nirgendwo gibt. Je fühlbarer nämlich die Erstarrung von Gattungsgrenzen und paradigmatischen Schöpfungsschemas ist, desto intensiver ist auch die Gegenreaktion der Autoren. Somit sind eine Literaturtheorie und die ihr folgenden Werke keine *unabhängigen* Variablen, im Gegenteil: da eine ordentliche Theorie, wie wir festgestellt haben, ungefähr einem *Verbot* und einer *Beschränkung* des literarisch Erzeugbaren gleichkommt, provoziert eine solche Theorie die Autoren zum Ansturm gegen die von ihr aufgestellten Schranken und Verbote, wodurch sie allmählich zu einer sich selbst vernichtenden *Prognose* wird. Denn gerade in den Raum, den sie für literarisch unerreichbar erklärt, werden bald erste Stoßtrupps von Werken ausgesandt. Dieser Umstand macht die Aufstellung einer langfristig gültigen Literaturtheorie unmöglich – wobei gilt: je *strenger* die Theorie, desto *fruchtbarer* die Folgen ihrer literarisch-belletristischen Zertrümmerung.

3. Doch kehren wir zu unserem Autor zurück. Er beschäftigt sich in weiteren Absätzen der Einführung mit der Zertrümmerung bisher entstandener Defnitionen des Phantastischen. Zuerst macht er dem bekannten amerikanischen Literaturwissenschaftler Northrop Frye den Garaus; dann setzt er sich mit Behauptungen des französischen Kritikers Roger Caillois auseinander, um diese Diatribe mit einer Verspottung von Caillois abzuschließen. Caillois schlägt vor, ›den unbestreitbaren Eindruck der Unheimlichkeit‹ (l'impression d'étrangeté irréductible) als ›Prüfstein des Phantastischen‹ zu betrachten. Laut Caillois, sagt Todorov höhnisch, ist die Gattungszugehörigkeit eines Werkes vom Grad der *Nervenstärke* seiner Leser abhängig. Erschrickt der Leser, so haben wir es mit dem Unheimlich-Phantastischen zu tun; bewahrt er kaltes Blut, so gehört das Werk einer anderen Gattung an. Wir

werden bald die schweren Schäden erkennen, die Todorov mit der Verspottung von R. Caillois seiner eigenen Theorie zugefügt hat.

Doch ist es jetzt an der Zeit, die Todorovsche Theorie zusammenzufassen – so gut wir es können.

Todorov unterscheidet drei Aspekte eines jeden literarischen Werkes: den verbalen, den syntaktischen und den semantischen. Er verheimlicht nicht, daß sie ursprünglich als Stil, Komposition und Thematik bekannt waren.

Was ihre formalen Eigenschaften betrifft, ist seine Definition des Phantastischen klassischer Natur: er definiert das Phantastische per genus proximum et differentiam specificam.

Es gibt, laut Todorov, zwei sich prinzipiell ausschließende Ordnungen aller Weltdinge: die natürliche und die übernatürliche. Das Phantastische sei eigentlich keine selbständige Gattung, sondern ein Grenzfall und ein Übergangsstadium zugleich.

Das Phantastische setzt, um zum Vorschein zu kommen, den ›naiven Realismus‹ des Lesers voraus: er muß das Werk so lesen, als ob es von realen, gewöhnlichen Vorfällen Bericht erstatte. Wird nun der Leser im Verlauf der Lektüre unfähig zu entscheiden, ob das Erzählte auf natürliche oder aber auf übernatürliche Weise zustande kam, dann hat er es mit dem Phantastischen zu tun. Somit wird das Phantastische zum Korrelat einer prinzipiellen Unentscheidbarkeit zwischen obengenannten einander ausschließenden Ordnungen des Weltgeschehens. Dieser Zustand der ›Schwebe‹, der Unschlüssigkeit, kann in der Mehrheit der Fälle nicht lange anhalten, und fast jedes Werk muß ihn schließlich ›verlassen‹. Entpuppt sich das Erzählte als von natürlichen Ursachen bewirkt, dann geht das Werk in den Bereich der benachbarten Gattung des ›Seltsamen‹, d. h. des Unheimlichen, des Exotischen über – mit einem Wort, des zwar Außergewöhnlichen, jedoch *nicht* Übernatürlichen. Offenbart aber das Werk die Übernatürlichkeit seiner Antriebsfaktoren, so rutscht die gattungseigentümliche Qualifikation in entgegengesetzte Richtung: in den Bereich des Wunderbaren, des Märchenhaften, Fabelhaften, Mythischen. Todorov veranschaulicht die

Topologie dieser Gattungsbeziehungen anhand des hier wiedergegebenen Spektrums:

unvermischt Unheimliches	*phantastisch-Unheimliches*	*phantastisch-Wunderbares*	*unvermischt Wunderbares*

Was nun den Modus der Lektüre betrifft, so muß sie sich in den genannten Rahmen des ›naiven Realismus‹ einfügen. Mit anderen Worten, man darf einen phantastischen Text, damit seine phantastischen Eigentümlichkeiten hervortreten können, weder poetisch noch allegorisch auffassen.

Wir werden diese Spezifikation an einem vereinfachten, von uns und nicht von Todorov stammenden Beispiel erklären. Der Satz ›Eine schwarze Wolke hat die Sonne verschluckt‹, kann auf verschiedene Weise gelesen, d. h. verstanden werden. Erstens, als eine ›dichterische Ausdrucksweise‹ – als eine Metapher nämlich – von total abgedroschenem Charakter, weshalb wir das Metaphorische dieser Redeweise nicht einmal mehr bemerken, doch ist dieser Umstand hier irrelevant. In diesem Falle verstehen wir, daß die Wolke die Sonne nicht wörtlich aufgefressen hat, sondern sie nur verbarg; es wurde ›bildlich‹ – also innerhalb der dichterischen Poetik – von ›Verschlucken‹ gesprochen.

Zweitens können wir für Sonne Wahrheit einsetzen, und für Wolke List oder Lüge; der Satz bekommt dann einen allegorisch deutbaren Sinn. Im ersten Falle war er nur ›linguistisch schön‹, wie es sich in der Dichtung gehört; im zweiten vermittelt er uns eine Weisheit von aphoristisch-verallgemeinerndem Charakter.

Doch kann, drittens, der Satz ganz buchstäblich aufgefaßt werden. Dann unterliegt unser Gemüt den Zweifeln, die erst die Entstehung des ›phantastischen Zustandes‹ ermöglichen, denn wir wissen nicht, ob die Wolke die Sonne innerhalb der natürlichen Ordnung der Dinge verschluckt hat oder ob dies zufolge einer übernatürlichen Gesetzmäßigkeit zustande kam. Hat die Wolke die Sonne etwa so verschluckt, wie dies ein Drache in einem Märchen tun könnte, dann haben wir das rein Phantastische verlassen, um uns im Märchenlande des Wunderbaren wiederzufinden. Soll aber das Gesagte auf natürliche Weise ausgelegt werden, dann müssen wir auf das Gebiet des Unvermischt-Unheimlichen überwechseln, in unserem Falle auf das Gebiet der SF. Denn in dem bekannten Roman *The black cloud* von Fred Hoyle hat eine schwarze Wolke unsere Sonne wörtlich verschluckt (da sie ein aus kosmischem Staub zusammengesetztes ›Lebewesen‹ ist, das sich von der Sonnenstrahlung nährt).

So weit, so gut, doch leider stimmt unser Beispiel mit der von Todorov aufgestellten Klassifikation nicht ganz überein, da nach seiner These die SF zur Gattung des Phantastisch-Wunderbaren und nicht des unvermischt Unheimlichen gehört. Darüber aber später.

Der Umstand, daß manchmal ein einziger Satz, dem Ende einer Geschichte hinzugefügt, genügt, deren genologische Zugehörigkeit sprungartig zu verändern, beunruhigt unseren Forscher nicht. Er behauptet, daß die flüchtige Art, in der das Phantastische überhaupt zu existieren vermag, eben den kennzeichnenden Zug dieses Genres ausmacht. (Ein Satz von der Art: ›In diesem Augenblick erwachte er und erblickte die Wände seines Zimmers . . .‹ wird jede bisher dem Wunderbaren zugeschriebene Erzählung der Gattung des Natürlichen zuordnen.)

Was die Syntax oder die Komposition des Phantastischen angeht, so betont Todorov die solchen Texten öfters eigentümliche Zweideutigkeit, die von folgendem Charakter ist: der Text erzählt von außergewöhnlichen Ereignissen in einer Weise, die beide erwähnten Auslegungsarten zuläßt. In *Monkey's Paw* von W. W. Jacobs, zum Beispiel – das Beispiel stammt wiederum von uns, und nicht von Todorov –, kann man der Ansicht sein, daß hier übernatürliche Kräfte am Werk sind und daß der Unbekannte, der um Mitternacht an die Tür des Hauses klopft, der verstorbene Sohn von Eltern ist, die ein Amulett um die Wiederbelebung des Toten gebeten haben; und daß er wieder in sein Grab zurückkehrt, nachdem die entsetzten Eltern mit ihrem dritten und letzten Wunsch dies verlangt haben. Dann hätten wir es mit einer irrationalen, unheimlichen Weltordnung zu tun und befänden uns innerhalb des Gruselmärchens. Oder dem Amulett wohnten keine übernatürlichen Kräfte inne, es konnte keine

Wünsche auf wunderbare Weise erfüllen, dann war alles, was geschehen ist, einfach eine Reihe von Zufällen: der Sohn ist eines zufälligen Todes gestorben; ein Unbekannter (z. B. ein Betrunkener, ein Vagabund) hat zufällig an die Tür geklopft, und da sie nicht geöffnet wurde, ist er seines Weges gegangen; dem ersten von den Eltern ausgesprochenen Wunsch, zu Geld zu kommen, wohnte ebenfalls keine übernatürliche Erfüllungsmacht inne, denn es gab wiederum keine ursächliche Verknüpfung zwischen diesem Wunsch, dem tödlichen Unfall des Sohnes und der Entschädigung, die den Eltern am nächsten Tag ausgezahlt wurde. In der Regel ist also die syntaktisch-kompositionelle Organisation der phantastischen Geschichte auf alternative, sich gegenseitig ausschließende Art ausgerichtet: wenn aber der Text als ein kohärentes Ganzes betrachtet wird, müssen wir das in ihm Erzählte als von übernatürlichen Kräften bewirkt auffassen. Wenn wir aber die geisterhafte Transzendenz leugnen, zerfällt der Text kompositionell, weil sich dann zwar alles in ihm verstehen läßt, wir aber begreifen, daß wir statt eines Ganzen eine Reihe von zufällig zusammengetroffenen Vorfällen vor uns haben. Todorov bespricht diese kompositionellen (= syntaktischen) Dilemmas in dem Kapitel, das den verbalen Aspekten des Textes gewidmet ist; seine Beweggründe dafür sind mir einfach unverständlich. Als das ›eigentümlich Syntaktische‹ bespricht er (sehr kurz und recht verschwommen) ganz andere Probleme, und zwar spricht er von der Hauptaufgabe eines phantastischen Textes, die sich auf das Lösen eines Rätsels reduziert. Dadurch, daß das Rätsel unabdingbar gelöst werden muß (am Ende des Werkes), kann eine mehrmalige Lektüre nicht mehr den Eindruck auf den Leser ausüben, der dem der ersten Lektüre ähnlich wäre. Das phantastische Werk muß bei jedem Wiederlesen blaß und unbedeutend erscheinen: ganz wie ein Kriminalroman, den wir nach einmaliger Lektüre kaum nochmals in die Hand nehmen werden. Hier zeigt sich – laut Todorov – die heimliche Verwandtschaft, die den Kriminalroman mit der Phantastik verbindet. Dazu wäre zu bemerken, daß die von Todorov so genannte ›Irreversibilität‹ der Lektüre ein Merkmal ist, das einem kategoriell anderen Typ angehört als das

Problem der Ambivalenz bzw. der eventuellen Vieldeutigkeit des Textes. Zuvörderst sollte noch gesagt werden: Wenn das Lösen von Rätseln die wesentliche syntaktische Invariante der Phantastik ausmacht, dann sind alle mathematischen Untersuchungen von ›phantastischer Natur‹. Da das Rätsel, das sich bis zum Ende des Textes nicht lösen läßt, den Eindruck des Phantastischen maximiert (weil beharren läßt), wäre die bekannte Abhandlung von Gödel ›Über die Unentscheidbarkeit formaler Sätze aus Principia Mathematica . . .‹ etc. der gewichtigste phantastische Text in der gesamten Weltliteratur. Dies ist kein Unsinn, wenn man bedenkt, daß man ja auch in der Mathematik (oder genauer gesagt in der Metamathematik) fortwährend darüber streitet, ob die abstrakten mathematischen Gebilde einen transzendentalen (= platonischen) oder aber einen konstruktiven (= zeitlichen, natürlichen) Charakter haben.

Die Willkürlichkeit, die in humanistischen Exegesen zu finden ist, wirkt auf ein der Logik zugetanes Gemüt recht irritierend. Doch die Willkürlichkeit, die als logische Strenge auftritt, ist bereits eine schockierende Usurpation. Ein ›Rätsel‹ hat in einem logisch einwandfreien System einfach keinen Platz, wenn seine prinzipielle Lösbarkeit nicht vorgegeben ist. Es ist an der Zeit, daß man aufhört, von ›Rätseln‹ in einem Text zu sprechen, der als streng wissenschaftlich gelten will. Mit Worten wie ›die Achse‹, ›das Relationennetz‹, ›signifikant‹, ›signifie‹, die den Strukturalisten so lieb sind, ist nicht viel anzufangen, wenn sie nur vage ausgesprochen und nicht definitorisch bestimmt werden; das ›Verbale‹ von Todorov ist offenbar das eigentlich Syntaktische, da Syntax die Syntagmatik impliziert, und zwar ist Syntagmatik das Repertoire von Regeln für das Zusammensetzen derjenigen Elemente, welche die entsprechende Paradigmatik, als ein Repertoire von Baumaterial, bereithält. Dort, wo es Elemente gibt, die sich verschiedenartig zusammensetzen lassen, wie etwa in ›Monkey's Paw‹, haben wir es mit einer kompositionellen Syntagmatik zu tun. Um diese Bemerkung abzuschließen: Das Lösen einer Aufgabe (laut Todorov eines Rätsels) hat mit struktureller Linguistik nichts gemein; dieses Lösen ist mit dem Bestimmen von Unbekannten gleichzusetzen, wobei ganz andere Strukturen angebracht sind: abstrakte Strukturen von algebraischem Typ – wenn die Aufgabe keine Konfliktsituationen abbildet – und abstrakte Strukturen aus der Spieltheorie, wenn es sich um Konfliktsituationen handelt. Das Begriffschaos, das ein Strukturalist hervorzubringen imstande ist, könnte eine Kompanie von Mathematikern kaum in Ordnung bringen.

4. Um seine Theorie von der Pragmatik unabhängig zu machen, behauptet Todorov, daß der Leser, von dem er fortwährend spricht, keine reale Person sei. Es geht um einen abstrakten Leser, den der Text und nur der Text allein impliziert. Dabei darf man, Gott behüte, nicht von *Intentionen* des Verfassers sprechen; berücksichtigt man sie dennoch, so begeht man die schwere Sünde der *intentional fallacy*, welcher Caillois unterlag.

Den dritten und letzten Teil der Todorovschen Abhandlung, der sich mit dem semantischen Aspekt des Werkes befaßt, werden wir ganz kurz erwähnen. Den Bedeutungen, den Themen nach, konzentriert sich – laut Todorov – die gesamte Phantastik rund um zwei Zentren, die er das ›Ich‹ – und das ›Du‹-Thema nennt. ‹Das *Ich* verweist auf die relative Isolierung des Menschen in seinem Verhältnis zur Welt, die er errichtet, wobei der Akzent auf dieser Auseinandersetzung liegt, ohne daß eine vermittelnde Instanz benannt werden müßte. Das *Du* hingegen verweist genau auf diese Vermittlung, und dieses Dreierverhältnis findet sich an der Basis des Netzes.‹

Im ersten Themenkreis wird wohl der Wahn der Einsamkeit (*Horla* von Maupassant), im zweiten – die sexuelle Begierde zum Grundstein der Erzählung. Die in solchen Erwägungen erreichte Abstraktionsebene ist von enormer Willkürlichkeit. Todorov wird sich dieses Umstands bewußt und erklärt großzügig, daß da noch recht viel in genaueren analytischen Arbeiten zu erforschen und zu beweisen ist. Um aber diese Soße noch unverdaulicher zu machen, rührt er einige psychoanalytische Komponenten hinein. Man weiß schon nicht mehr, ob hier eine Theorie des Phantastischen oder eine phantastische Theorie vertreten wird. Alle von der psychoanalytischen Tiefenpsychologie verwendeten Begriffe setzen ja reale Menschen voraus; über das Unterbewußtsein eines Hamlet zu reden, ist sicherlich noch weit schlimmer, als die schändliche Sünde der *intentional fallacy* zu begehen, weil es niemals einen Menschen namens Hamlet gegeben hat, somit gab es auch sein Unterbewußtsein nicht, doch Todorov verbietet ja ganz eindeutig, von den Beweggründen des Autors zu sprechen; *wessen* Unterbewußtsein beteiligt sich also am literarischen Spiel? Diese interessante Frage bleibt ohne jede Antwort.

Im zehnten und letzten Kapitel kündigt Todorov den Tod der Phantastik an. Das Anzeichen des Todes hat er bei Kafka finden können. Eine einzige Erzählung von Kafka, *Die Verwandlung,* genügt ihm, um den entsprechenden Beweis zu liefern. Wo alle Menschen schön sind, ist kein Mensch schön. Das ›Traumhafte‹, das ›Wahnverwandte‹ hat die Erzählkunst verschlungen. Es gibt keinen Raum mehr für den Zweifel, ob uns im Text eine natürliche oder ein übernatürliche Ordnung vorgestellt wird, denn in der zeitgenössischen Literatur wurde ›alles phantastisch‹. Sie ist keine Metapher, keine Allegorie mehr, aber auch keine Phantastik im traditionellen Sinne, denn es mangelt bereits an Referenzsystemen, die außerhalb des Gelesenen zu Stützpunkten einer realistischen Weltauffassung werden könnten. Das Psychische hat sich materialisiert, das Materielle hat sich vergeistigt, somit gibt es keinen Raum mehr für die Unschlüssigkeit, die das Phantastische früher hervorbringen konnte. Nachdem sich die im literarischen Werk vorgestellte Welt zur eigenen fiktiven Natur bekannt hat, hat sie sich verselbständigt und dadurch von der Realität hermetisch abgekapselt. Die Fragen nach dem natürlichen oder übernatürlichen Typ dieser Welt haben jeden Sinn verloren; deshalb muß man den Tod der Phantastik verkünden. Sie ist auch ganz überflüssig geworden, weil sie, insbesondere im Bereich der *Du*-Themen, eine Maske für sexuelle Begierden war, eine Periphrase und Camouflage libidinöser Wunschträume. Aber sie sind heute überflüssig, da man ja alle, früher tabuierten und deshalb verborgen gehaltenen Impulse, direkt und nicht mehr auf phantastischen Umwegen aussprechen kann. Diesen so schön aufgetischten, mit Psychoanalyse gewürzten gordischen Knoten wollen wir doch nicht unberührt auf sich beruhen lassen. Hier also unser Beitrag zum Todorovschen Todesurteil.

Todorov vertritt die Meinung, daß es nur einen relevanten Typ der Unschlüssigkeit des Lesers gibt – die ›Unschärferelation‹ im Deuten des Erzählten, die das Phantastische erzeugen kann. Doch ist ›seine‹ Unschlüssigkeit nur ein Spezialfall aus einer großen Menge – und zugleich aus der Entscheidungstheorie. Es gibt unter anderem folgende Achsen, die eine spezifische Entscheidung seitens des Lesers implizieren:

›ironische Aussage‹ – ›ernst gemeinte Aussage‹
›Voraussage‹ (im Sinne der Zukunftsforschung) – ›Allegorie‹ – ›Poesie‹
›kausal-physische Erzählstruktur‹ – ›assoziativ-psychische Erzählstruktur‹
›Traumlogik‹ – ›Wachlogik‹
›das Zeitliche‹ – ›das Transzendente‹
und so fort ad libitum.

Wenn all diese Achsen zu einem mehrdimensionalen Koordinatensystem zusammengefügt werden und wenn auf allen von ihnen dargebotenen semantischen Registern simultan ›gespielt‹ wird, dann gelangen wir zum Schaffensparadigma von Kafka.

Ein solcher Text läßt sich auf *keiner Achse* mehr eindeutig lokalisieren, was wir sofort verstehen, dank der Überlegung, daß das Miteinbeziehen der Achse ›Ironie‹ – ›Ernst‹ in unsere Erwägungen alle bisher approximativ bestimmten, semantischen Auslegungen des Textes zunichte macht.

Die schlimmsten Folgen hat aber die Tatsache, daß wir es keinesfalls mit kontradiktorischen Gegensätzen zu tun haben, d. h. mit Zuständen, die sich mit logischer Notwendigkeit gegenseitig ausschließen.

Ein Text kann nämlich – in seiner gesamten Bedeutungsskala – zugleich ›poetisch‹, ›ironisch‹ und ›übernatürlich‹ eingeschaltet werden. Wenn man noch unsicher ist, ob so etwas wie Doppel- oder Mehrfachschaltungen möglich ist, dann sollte man keine Literaturtheoretiker befragen, sondern in einem Handbuch der Psychologie, z. B. in dem von E.

Kretschmar, nach Auskunft suchen. Selbstverständlich gibt es alle möglichen semantischen wie auch emotionalen Mehrschaltungen; somit fällt das logische Gerüst der gesamten Todorovschen Theorie zusammen. Der Kreuz- oder Scheideweg im Semantischen ist das typische Merkmal der heutigen Prosa. Die ›Achsen‹ sind eigentlich keine der Linguistik entstammenden einfältigen, d. h. eindimensionalen Gebilde in der Art von Geraden.

Und selbst wenn man weiter für die ›Achsen‹ wäre, so wird die weitere Analyse bald zeigen, daß die Entscheidung vom Typ ›Allegorie – ja; Poesie – nein‹ noch keine endgültige Diagnose ermöglicht, weil das Werk – das von Kafka z. B. – weitere Fragen aufwerfen wird, und zwar: ›Werden Anspielungen auf das ontologische oder aber auf das soziale Dasein wach?‹ Diese zweite Unschlüssigkeit läßt sich nicht als isolierter Fall wegdeuten, da ihre Lösung von anderen ›Achsen‹ mitbestimmt ist; bei Kafka werden wir an erster Stelle auf das *unentscheidbare* Dilemma stoßen, ob das Werk ironisch oder todernst ist. Wohl ist es ironisch *und* todernst *zugleich* – ein Umstand, an dem die ganze strukturelle Paradigmatik zugrunde gehen muß.

Mit einem Wort – ein solcher Text basiert auf antinomischen Kompositionsregeln. Er erweckt das Gefühl von Tiefe und Grundlosigkeit und schöpft seine Ausdruckskraft aus der Menge, hier von uns nur beispielsweise erwähnter Unbestimmtheiten, Unschärferelationen, und dank dieses widerspruchsvollen Aufbaus erreicht ein solcher Text den Zustand einer vollkommen semantischen Schwebe. Ein solcher Text scheint dann mehreren verschiedenen Aussagemodalitäten anzugehören, die – wenn rein logisch betrachtet – bisher als ›koexistenzunfähig‹ galten. Die phantastische Theologie und Philosophie eines Borges stellt den nächsten Schritt in dieser Richtung dar; es ist also kein Zufall, daß Borges mitsamt seinem Werk für T. Todorov überhaupt nicht existiert.

Die besagten Oppositionen sind ›vermählbar‹, weil man ja in der Literatur nichts assertorisch behauptet; somit handelt es sich keineswegs um echte logische Kontradiktionen, sondern um *Konflikte* im Sinne der Spieltheorie.

Auch am Beispiel der (falschen) Todorovschen Behauptung, daß die kulturelle Enttabuierung den Tod der sexuellen Phantastik bedeute, läßt sich der verhängnisvolle Einfluß logisch-linguistischer Paradigmatik auf den literarischen Strukturalismus beweisen. Die in der Linguistik verwendeten Relationen entstammen der Mengenlehre, d. h. ihren Ordnungsprinzipien. Die Zugehörigkeit eines Elementes einer Menge ist dem Satz vom ausgeschlossenen Dritten unterworfen; entweder gehört das Element der Menge an oder nicht eine 45% Zugehörigkeit ist ein Nonsens.

Der Strukturalismus jedoch hat sich dieses Ausschließungsprinzip zu eigen gemacht und dadurch Selbstmord begangen: ad extremum geführt, bedeutet Todorovs These, daß das Phantastische eigentlich von der *Zensur* erschaffen wurde, denn es stellt ein Umgehungsmanöver ihrer Schranken dar. Diese lächerliche Behauptung wird von vielen Werken umgestoßen. Es gibt Romane, in denen das Phantastische und das Obszöne koexistieren, obwohl sie einander – laut Todorov – ausschließen müßten. In *Juliette* von de Sade finden wir ein phantastisches Kapitel über den entsetzlichen ›Moskoviten Minski‹ und daneben naturalistische, obszöne Beschreibungen. Weshalb aber sollte sich de Sade phantastischer Umwege in einem Werk bedienen, in dem er seiner verirrten Libido volle Ausdrucksfreiheit gegeben hat?

5. Der strukturalistische Versuch mißglückte, weil die eingesetzte Begriffsapparatur nicht mächtig genug war, um die ihr gestellte Aufgabe zu bewältigen. Sind die begrifflichen Mittel für die gestellte Aufgabe zu schwach, und werden sie dennoch eingesetzt, dann artet die Forschung aus, indem sie, vom Deduktiven ausgehend, im Dogmatischen mündet. Alles was nicht in die aufgebauten Schemata passen will, wird einfach übersehen und umgangen. Eben das Nichtwahrnehmen von relevanten Tatsachen ist es, was ein Axiom in ein Dogma verwandelt. Wir möchten die zwei gröbsten Verirrungen der Todorovschen Theorie noch kurz besprechen.

a) Aus nicht klar benannten Gründen hält Todorov die SF[1] für einen Teil der Gattung des Übernatürlichen. Er zählt

1 Todorov bemerkt in der Einführung zu seinem Buch richtig, daß es dem Theoretiker

folgende Untergattungen am ›Pol‹ des Irrationalen auf: das ›hyperbolisch‹ Wunderbare (in so manchen Märchen), das ›exotisch‹ Wunderbare (wie der Vogel Roc in *Sindbad, der Seefahrer*), das ›instrumental‹ Wunderbare (Aladins Lampe und Stab z. B.) und die SF. Diese nennt er das ›naturwissenschaftliche‹ Wunderbare. ›Hier‹ – schreibt er – ›wird das

zusteht, aus der Menge, über die er relevante Verallgemeinerungen aussprechen will, nur eine repräsentative Probe zu untersuchen. Doch ist die Auswahl einer solchen Probe in den Naturwissenschaften genau bestimmt, insbesondere hinsichtlich ihrer Repräsentativität. Die methodische Hauptregel ist hier von statistischem Charakter, wenn z. B. unsere Gesamtmenge aus drei Untermengen besteht, die 100, 10 000 und 10 000 000 Elemente zählen, so ist es verboten, sich 20 Exemplare aus der ersten Untermenge, 2 aus der zweiten und 20 aus der dritten herauszugreifen. Wenn man sich jedoch die Bibliographie der Werke ansieht, die Todorov als ›repräsentative Probe‹ in seine Untersuchung aufgenommen hat, kommt man ins Staunen. Diese Probe zählt 27 Titel: einen Borges, Wells oder Verne gibt es in ihr nicht, dagegen sind Agatha Christie und J. D. Carr vorhanden; zwei kurze Geschichten von R. Sheckley vertreten die gesamte SF, die Fantasy aber ist nicht mit einem einzigen Titel vertreten; von Huxley, Orwell, Samjatin und allen anderen Utopisten oder Dystopisten keine Spur; die Großen der Phantastik sind – laut Todorov – Balzac, Maupassant, E. Th. A. Hoffmann, Cazotte und Potocki. Wenn man so vorgeht, kann man auch die Theorie von der immanenten Güte des Teufels beweisen. Die zeitgenössische Phantastik gibt es bei Todorov – Sheckley ausgenommen – überhaupt nicht, sie soll um 1920 zu existieren aufgehört haben.

Nun ist es fraglich, ob man das oben erwähnte, rein statistische Prinzip mechanisch auf das Gebiet der Literatur übertragen darf; ich erinnere mich an eine Umfrage der Vorkriegsillustrierten *Uhu*, die mehrere deutsche Schriftsteller nach ihren Arbeitsmethoden und schöpferischen Geheimnissen befragte. Sie erhielt mehrere lange, ja ausführliche Antworten von Literaten, die heute keine Seele (nicht einmal dem Namen nach) kennt, und eine kurze Antwort von Thomas Mann. Sie ist für uns die einzige relevante Antwort geblieben, denn die Bekenntnisse drittrangiger Skribenten liefern keine ernst zu nehmenden Angaben, über den Schaffensprozeß. Nach diesem Prinzip sollte auch die repräsentative Probe im Bereich der Phantastik ausgewählt werden. Die Tatsache, daß sich Strukturalisten bei ihren Untersuchungen auf ältere Titel zu beschränken pflegen, wirft viel Licht auf die Mängel ihrer Methode. Diese ist unfähig, relevante Werke (und relevante, den Werken eigentümliche Sinnstrukturen) von irrelevanten Werken und Bedeutungen zu scheiden. Eine solche Methode setzt das Originelle und Dauerhafte dem Sekundären und Flüchtigen gleich, ja mehr noch: sie bevorrechtigt das Minderwertige, weil es sich, da einfach gebaut, der Sektion leicht unterwerfen läßt. Um nun schlimmen Folgen dieser Sachlage vorzubeugen, untersuchen die Strukturalisten ältere Werke, die sich historisch-literarisch bereits bewährt haben. Vergleicht man diese Methode mit einer Miß-Wahl, so ist sie einem Vorgehen ähnlich, bei dem man zuerst abwartet, welche Kandidatinnen unter den Damen von der Vox populi schon erkürt wurden, um dann aufs Podium zu kommen, um gewichtig das bereits Stattgefundene zum Ergebnis der eigenen Auswahl zu erklären. Hierdurch wird klar, daß ein methodologischer Betrug vorgespielt wird; eine Theorie, die prinzipiell unfähig ist, Wertvolles vom Wertlosen zu sondern, wird ausschließlich auf eine Untermenge von Werken angewandt, die schon früher, sozusagen heimlich (nach außerhalb der Theorie liegenden Kriterien) ausgewählt wurde. Würde sie auf blind ausgewählte, rein statistisch herausgefischte Titel angewandt, würde sich ihre Ohnmacht im Differenzieren sofort herausstellen.

Übernatürliche auf rationale Weise erklärt, aber anhand von Gesetzen, die die gegenwärtige Naturwissenschaft nicht anerkennt‹ (S. 53). Und weiter: ›Das sind Erzählungen, in denen sich die Tatsachen auf der Grundlage irrationaler *Prämissen* vollkommen logisch entwickeln.‹ (S. 54, meine Unterstreichung).

Dies nun ist für einen relevanten Teil der SF einfach unzutreffend. Die Prämissen des von uns erwähnten Romans *The Black Cloud* von F. Hoyle kann man ganz gewiß nicht als irrational bezeichnen. Auch überschreitet die von Hoyle aufgestellte Hypothese über die Natur der ›schwarzen Wolke‹ nicht die Grenzen der gegenwärtigen Wissenschaft, im Gegenteil, sie ist eine, wenn auch extrapolativ gesteigerte, Folgerung aus neuzeitlichen Disziplinen: aus der Selbstorganisationstheorie, der Kybernetik usw. Im Vergleich mit den heute anerkannten wissenschaftlichen Hypothesen – z. B. aus dem Bereich der Kosmologie und Kosmogonie (z. B. über die prinzipielle Möglichkeit, daß die atomaren Elementarpartikel – wenn nur genügend beschleunigt – bei ihrem Zusammenprall eine Galaxis, d. h. einige Milliarden von Sonnen, erzeugen könnten) – ist die Hoylesche Hypothese eher ›bescheiden‹ zu nennen.

Selbst wenn wir von diesem Einzelfall absehen, so zeigt uns ein flüchtiger Rundblick, daß sich die SF und die als wissenschaftliche Disziplin geltende Zukunftsforschung thematisch zum Teil überdecken. Die Themen des zivilisatorischen Kollapses, der interstellaren Kommunikation (mit außerirdischen Lebewesen), der maschinell erzeugten Intelligenz, der menschlichen Autoevolution und eine ganze Reihe anderer sind sowohl der SF als auch der Futurologie eigen. Wie man sieht, gibt Todorov Urteile über Dinge ab, die er gar nicht kennt.

Ferner gibt es in seinem Gattungsspektrum auch keinen Raum für die heute sogenannte PF (politic fiction) – also für die Literatur, die darüber berichtet, was für einen alternativen Gang die Geschichte genommen hätte, wenn gewisse entscheidende Ereignisse im Zeitgeschehen nicht so verlaufen wären, wie es der Fall war, also etwa, wenn Deutschland den Ersten und/oder den Zweiten Weltkrieg gewonnen hätte usf. Es erübrigt sich, näher zu beweisen, daß ein solcher Sieg keine Prämisse von irrationalem Charakter ist. Wir wollen ja Todorov nicht den Gesichtspunkt zuschreiben, daß alles in der Geschichte genau prädeterminiert ist und es in ihr keine Abweichungen von dem, was stattgefunden hat, geben konnte.

Eine weitere Gruppe von Werken, die dank der Todorovschen Theorie ›heimatlos‹, d. h. genologisch unbestimmt und zuordnungsunfähig wurden, bilden Texte wie die ›Drei Fassungen des Judas‹. Diese Geschichte von Borges faßt eine Häresie des Christentums zusammen, die es nie gegeben hat; ihr ›Verfasser‹ ist ein fiktiver, da von Borges ausgedachter, skandinavischer Theologe, dessen Auslegung der Evangelien in der Schlußfolgerung mündet, daß Judas und nicht Jesus der eigentliche Heiland und Erlöser war. Das ist gewiß keine Epik, weil es dort ja keine Handlung im eigentlichen Sinn des Wortes gibt; es ist auch keine Poesie; auch keine Allegorie, da es sich nicht um verborgene Anspielungen handelt, denn die haarsträubende Heterodoxie wird uns ganz direkt von Borges mitgeteilt (wenn auch einem fiktiven Häretiker zugeschrieben). Ein Apokryph ist das auch nicht, weil ein Apokryph ein gefälschtes Dokument ist, das Authentizität simuliert. Eine SF-Story ist diese kurze Geschichte auch nicht, weil sie keine ›instrumentalen‹ Prämissen voraussetzt. Auch vom Unheimlichen kann nicht die Rede sein; der Text ist ungefähr in demselben Grade ›unheimlich‹, in dem für einen orthodoxen Christen jede reale Häresie ›unheimlich‹ sein kann, z. B. die von Arius oder von Manichäus.

Die Vermutung, daß es sich hier um eine *phantastische* Theologie als Zweig der *Literatur* handelt, drängt sich direkt auf (es gibt auch dementsprechende Äußerungen von Borges selbst, der in *Tlön, Ugbar, Orbis Tertius* von einer ›phantastischen Philosophie‹ gesprochen hat). Wenn nun aber die phantastische Theologie, Historiosophie, Philosophie und dergleichen der phantastischen Literatur nicht angehören dürfen – und das dürfen sie nach der von Todorov aufgestellten Taxonomie nicht –, dann sind sie einfach ›heimatlose‹, genologisch nicht klassifizierbare Gebilde. Oder wäre Todorov geneigt, dieses Schrifttum als zur ›neuzeitlichen Phantastik‹ gehörend zu betrachten, die das kafkaeske Paradigma zum Leitstern hat? Doch haben solche Texte nur insoweit Bedeutung, als sie den bestehenden Anschauungen und Normen widersprechen (was auf zugleich originelle und kohärente Weise geschehen muß; das Effektvolle wird bei Borges durch die *Logik* der Argumentation bedingt, die insgeheim die Logik der Theologen karikiert). Somit sind solche Werke nicht von der Welt abgetrennt, abgekapselt, sondern wirklichkeitsbezogen, wenn auch ihre Referenzsysteme keine handelnden Menschen, sondern Ideen sind, die sich im menschlichen Gedankengut finden. Diese Mutation des Phantastischen ist weder vom Alptraum verschlungen, noch unterliegt sie der Logik des Traumhaften; anstatt phantastischer Ereignisse offeriert sie uns eine phantastische Philosophie, Wissenschaft und Theologie. Doch will das strukturalistische Dogma diese Art des Phantastischen nicht anerkennen.

b) Laut Todorov setzt jeder Text einen ›impliziten‹ Leser voraus. Dieser Leser muß der ihm vom Text gestellten Aufgabe gewachsen sein. Doch erhebt sich die Frage, was eigentlich geschieht, wenn diese Aufgabe dem Leser ungenügend erscheint, d. h., wenn der Leser über diese Aufgabe hinausgewachsen ist?

Todorov hätte die zitierte Bemerkung von R. Caillois nicht verspotten sollen, denn er war es, der dabei stolperte, obwohl er glaubte, das Stolpern seinem Kollegen vorzuhalten. Warum eigentlich ist die Nervenstärke eines Lesers (ob eines impliziten oder expliziten lassen wir beiseite) kategoriell etwas anderes als die Unschlüssigkeit eines Lesers, die Todorov zum Prüfstein *seiner* Theorie des Phantastischen macht? Er würde uns wohl antworten, daß der betreffende Text diese Unschlüssigkeit strukturell voraussetzt, d. h. Todorov macht sie zum Bestandteil der Lektüre, zu ihrem notwendigen Korrelat, whingegen ein ›nervenstarker‹ Leser, der bei der Lektüre einer Geistergeschichte lächelt oder gähnend mit den Achseln zuckt, irrt, weil er sich den Regeln nicht unterzuordnen weiß, die der Text impliziert. Eine derart herablassende Betrachtungsweise sei nicht am Platze, würden wir von Todorov zu hören bekommen, da sie das Entstehen des Phantastischen unmöglich macht. Hier liegt jedoch ein Hund begraben, dessen Auferstehung der Todorovschen Theorie des ›normiert‹ impliziten Lesers eine böse Überraschung bereiten wird. Die von Todorov verspottete Nervenstärke des Lesers stellt einen Affekt aus seinem latenten Repertoire dar, und zwar aus dem Repertoire solcher Affekte, die von der Norm abweichen, die der Text voraussetzt. Wenn ein Leser bei der Lektüre eines Textes, der Grauen erregen soll, mitleidig lächelt, wenn er bei einem Fragment, das ihn berauschen soll, gähnt und während der Offenbarung höchster Wahrheiten über den Sinn des Daseins mit den Achseln zuckt, so läßt sich diese Situation auf zwei einander ausschließende Arten auslegen.

Entweder ist der Text vollwertig, und der Leser leidet an grober Ignoranz, oder der Text ist Kitsch und wird von einem Literaturkenner rezipiert.

Der erste Fall ist trivial; man muß die Regeln des Schachspiels erlernen, um Schach spielen zu können. Wer diese Regeln verkennt oder mißachtet, hört auf, Schachspieler zu sein.

Der zweite Fall ist nicht mehr so belanglos, weil es den Kitsch in der Literatur gibt – und ganz besonders gibt es ihn in der phantastischen Literatur, die sich SF und Fantasy nennt. Dort wurde er längst zur typischen Erscheinung. Kitsch ist ein Ersatz und eine Fälschung zugleich. Ein Ersatz für die Einweihung in das Beste, was die Literatur ihren Leibhabern zu liefern vermag; eine Fälschung, die von ihren Konsumenten nicht als solche erkannt werden darf. Der Kitsch setzt einen Leser voraus, der ihn nicht als solchen wahrnimmt; er bedarf eines Lesers, der sich mit dankbarer Genugtuung, ja mit Wonne, am Primitiven, Dummen und Erbärmlichen ergötzt.

Hier eine gebotene Nebenbemerkung: Todorov wird sich der Existenz des Kitsches wohl bewußt sein. Doch er ist vom strukturalistischen Tabu gefesselt, das das Aussprechen von bewertenden Urteilen verbietet. Bewertende Urteile können nur dann zum Vorschein kommen, wenn sie sich in den strukturalistischen Jargon übersetzen lassen. Da alle wertenden Adjektive für den Strukturalisten unanständig sind, gibt dieser vor, daß es Qualitätsunterschiede des erwähnten Typs nicht gibt. Er spielt blinde Kuh, um sich nicht gegen die eigene Orthodoxie zu versündigen.

Die Diskrepanz zwischen dem, was der Text zu offenbaren vorgibt, und dem, was er zu überliefern vermag, wird vom Literaturkenner wahrgenommen und durch Gelächter oder Gähnen abreagiert. Der von Todorov postulierte implizite Leser darf sich nun einmal nicht so verhalten. Er muß sich tüchtig bemühen, damit ihm auch das naivste Greuelmärchen einen Schrecken einjagt, denn sonst passiert das von Todorov verspottete Unglück: die gattungsmäßige Zugehörigkeit des Textes wird umbenannt! Wer aber seinen gesunden Verstand höher schätzt als das Heilige der strukturalistischen Theorie, der wird die besagte Untat begehen; das idiotische Greuelmärchen wird sein Gelächter bewirken, wodurch die entsetzliche Geschichte für ihn zu einer Humoreske wird. Da dies aber unabsichtlich zustande kam, handelt es sich um eine unintentionelle Humoristik, die immer dann entsteht, wenn das Komplexe, Problembeladene, Erhabene, Mysteriöse vom Autor mit elenden Mitteln und primitiver Unbeholfenheit angestrebt wird. Nun sind wir – mitsamt dieser Abhandlung – verdammt, weil wir soeben die Sünde der *intentional fallacy* begangen haben; doch, wenn auch: amicus Plato, magis amica veritas. Ich bin bereit, auch um den Preis der Verdammnis, zu wiederholen, daß es so etwas wie den Kitsch und die von ihm gezeugte unintentionelle Groteske gibt.

Der Kitsch hat sich in der SF eingenistet, weil sie ihm ein behagliches Asyl ist. Man kann nicht beliebigen Quatsch liefern, wenn man seine Nachbarn beschreibt, doch kann man ihn bequem verfassen, wenn man über fremde Planeten berichtet; die im ersten Fall unabwendbare Empörung der Leser bleibt im zweiten Fall aus. Denn wer weiß schon, wie sich das Leben auf fremden Planeten gestaltet? Dadurch wird das Weltall zum Asyl für schwachsinnige, aber auch bedürftige Literaten. Man sollte sie bemitleiden und nicht lesen. Doch es ist peinlich, wenn man dem Vorgehen eines Literaturforschers zusieht, der einen solchen Zustand in seiner Theorie sanktioniert; zum Teil, glaube ich, weil er dieses Genre nicht kennt; zum Teil, weil er sich ungefähr so verhält, wie seinerzeit die Herren Behavioristen, die das Bestehen des Bewußtseins sogar bei sich selbst leugneten, weil es nicht in ihre Theorie hineinpassen wollte. Und doch könnte man – vom Strukturalismus ausgehend – eine Theorie des Phantastischen aufbauen, die den Dreck dem Wertvollen nicht ebenbürtig machen müßte. Eine solche Theorie kann indes nicht allein den Paradigmen der mathematischen Linguistik entstammen; hier wäre die biologische Paradigmatik besser am Platze, da sie u. a. auch Kapitel enthält, die über den Parasitismus, über die Mimikry und insbesondere über die Entartungserscheinungen von Gattungen in kleinen, von der breiteren Umwelt abgeschlossenen Populationen berichten.

Der Kitsch ist den ›ehrlichen‹ Gattungen der Massenliteratur nicht gleichzusetzen, da diese nichts vortäuschen; die Krimis werden als Krimis und nicht als Einweihungen in das tiefste Wesen der Verbrecherseelen angekündigt; von Spionageromanen erwartet man nicht, über reale Antriebskräfte für Weltpolitik unterrichtet zu werden. Den Kitsch erkennt man an seinen falschen Ansprüchen, am Auseinanderklaffen von Ankündigung und Verwirklichung im Text.

Eine Theorie des Phantastischen, die die echte Münze von der gefälschten unterscheiden könnte, wäre heute von großem kulturellem Nutzen. Doch die Todorovsche Theorie läßt sich nicht als ein Instrument wertefördernder und das Wertlose aussondernder Auslese gebrauchen; es geht also nicht um das Füllen einer offenen Lücke im Todorovschen Werk, vielmehr würde ein so gearteter Versuch seine Theorie sprengen. (Unter anderem müßte die SF einer Zergliederung unterliegen, die ihre separierten Teile auf die entgegengesetzten Pole der von Todorov konstruierten Achse überführen würde.) Der Fall Todorov ist äußerst lehrreich. Er wollte eine wertfreie Theorie des Phantastischen aufstellen, und *eben deshalb* wurde er im Bewerten von Kunstwerken parteilich, wobei er noch in seinem unbeabsichtigten ›bias‹ die Seite des Gefälschten und Minderwertigen eingenommen hat (weil das Gleichsetzen des Besten mit dem Schlechtesten einer ›zweiseitigen Schadensstiftung‹ gleichkommt). Um die hier geforderte Arbeit zu leisten, müßte er seine schöne Theorie in ihrer ganzen Bündigkeit zum Teufel jagen; er müßte anerkennen, daß sich das Ästhetische wie das Erkenntnisbezogene nicht aus einer Theorie hinausschmeißen lassen, ohne das gesamte logische Gerüst zu beschädigen. Die Worte des R. Caillois vom ›unbestreitbaren Eindruck des Unheimlichen‹ haben schon ihren guten Sinn: die kompositionell-stilistischen, wie auch semantisch-logischen Qualitäten des Textes sind es, die darüber entscheiden, ob der Leser vom Text in den Bann geschlagen wird oder ob er ihn nervenstark – bis zum Einschlafen – lesen wird. Als ich, krank und im Bett, als einzige geistige Nahrung die aufgestapelten neuesten SF-Bücher zur Verfügung hatte, und Idiotisches über Idioten auf fernen Welten las, wurde mir vor diesem hirnlosen Weltall bange, das mit Debilen, Kretins, Schwachsinnigen und infantilen Wunschträumen bis zum Bersten vollgepfropft ist; zwischen Verzweiflung und Verblödung, griff ich wie ein Ertrinkender zu einem naiven Groschenroman, der sich zwischen die SF-Bände verirrt hatte und von ganz gewöhnlichen Sorgen ganz gewöhnlicher Amerikaner recht unbeholfen erzählte. Was für eine Freude und Rettung waren mir sogar die Stühle, die Geschirrstücke und all die anderen gewöhnlichen Gegenstände, deren sich der Autor mit naiver Selbstverständlichkeit bediente, um die Wohnungen seiner Helden zu möblieren – wohingegen die Septarchen aus fernen Galaxien, die monströsen Eingeborenen von Deneb IV mich am Vorhandensein des Menschenverstandes zweifeln ließen. Und da kommt ein Literaturforscher mit seiner Klassifikationsmaschinerie, die er für einen axiologisch neutralen Verteiler von Werken ausgibt, für einen genologischen Separator, der in Wirklichkeit eine mit heiligen Ölen der Hermeneutik gesalbte Apparatur zur Gleichmachung des Schundes mit dem Wertvollen ist.[2]

2 Die Todorovsche ›Unschlüssigkeit‹ beim Bestimmen des Wesens der vorgestellten Ereignisse ist ein begriffliches Gemisch, da er nicht klarlegt, ob ›das Natürliche‹ und ›das Übernatürliche‹ als literarische Konventionen oder als ontologische Kategorien gedeutet werden sollen. Das Übernatürlich-Religiöse gehört der realen Theologie an, das Übernatürlich-Märchenhafte dagegen stellt nur eine literarische Konvention dar. Diese Vermischung von Kategorien, die einen unterschiedlichen logischen Wert haben, ist in ihren Konsequenzen für die Todorovsche Theorie fatal. Das Konventionelle eines Märchens ist dem Konventionellen einer Erzählung, die ein Leitmotiv aus den Evangelien belletrisiert, nicht ebenbürtig. Es gibt keine Leser, die das Märchen völlig

Der SF-Kitsch macht im gefälschten Weltall dasselbe, was der traditionelle Kitsch in den gefälschten Palästen und Höfen gemacht hat; der damalige Leser glaubte, in die Geheimnisse der erhabenen, oberen ›Zehntausend‹ eingeweiht zu werden, er genoß die Sitten des Adels, wie der SF-Fan heute die Sitten der Septarchen und Ungeheuer genießt; jener glaubte, salonfähig zu werden, diesem wird eine ›wissenschaftliche Einweihung‹ zuteil, die ihn ›kosmosfähig‹ macht. Sollte dieses Schriftstück einmal in die Hände eines Hermeneutikers, will sagen, Strukturalisten fallen, hier die bibliographischen Angaben zu einem Werk, das beim Konstruieren einer ernst zu nehmenden Theorie des Phantastischen behilflich sein kann: E. N. Enquist hat in dem Sammelband *Linguistics and Style,* Oxford University Press, 1965, den Aufsatz ›On Defining Style‹ veröffentlicht, der so manches Interessante enthält. Enquist unterscheidet ›Stylolinguistics‹ und ›Stylobehavioristics‹ (die erste kurze SL, die zweite kurz SB genannt); SL ist der statistischen Analyse von Texten, verbunden mit phraseologischer Deskription und lexikaldistributiver Analyse gleichzuetzen; SB dagegen ist auf die Korrelationen der stilistischen ›Impulse‹ und der Reaktionen der Leser gerichtet. Bekommt das Korrelationszeichen einen negativen Wert, dann fallen die textlichen Voraussetzungen für die Leserreaktionen und die realen Reaktionen des Lesers auseinander, was Lachsalven bei der Lektüre eines ›tragischen‹ Textes hervorrufen kann. Man könnte als eine allgemeine These die

ernst nehmen (kleine Kinder vielleicht ausgenommen), doch gibt es Leser, die an Wundertaten der Heiligen ernsthaft glauben. Dieser Unterschied hat gewichtige Folgen für die moderne Phantastik. In einer Zeit, in der es weder schachspielende Maschinen noch Mondflüge gab, wohnte der gesamten SF das Merkmal des Märchenhaften inne. Heute ›unterstützt‹ die reale Welt den Aussagewert solcher Erzählungen, indem sie das Unwahrscheinliche plausibel macht. Die öffentliche Meinung hat nämlich in unserer Zeit eine Wendung um 180 Grad gemacht; wo früher ›alles‹ in der SF als reine, d. h. unverwirklichbare Phantastik galt, gilt heute ‹alles ‹ (d. h. alle erdenklichen Erfindungen und Techniken) als ›realisierbar‹ (was völlig falsch ist). Dies hat jedoch die Unschlüssigkeit, die das Korrelat der Lektüre von SF-Texten bildet, in die Richtung des Poles ›natürlicher‹, d. h. der Empirie einverleibbarer Auslegungen verschoben. Deshalb wird die SF heute öfters als Domäne des Verwirklichkbaren angesehen, wodurch sie sich ein gewisses Ansehen erworben hat. Den SF-Texten ist eine besondere ›Unschärfe‹ oder Unschlüssigkeit eigen in bezug darauf, ob der Text ein Zukunftsbild liefert oder im Bilde einer angeblichen Zukunft die zeitgenössische Welt (mit gewissen Verzerrungen) spiegelt.

Vermutung aussprechen, daß die ständige negative Korrelation im Bereich der SB den strukturellen Prüfstein für den Kitsch liefert.

6. Abschließend: Die Theorie von Todorov offenbart folgende Mängel:

Erstens: Als Verallgemeinerung ist sie unzulänglich, da sie in ihr genologisches Spektrum so manche Gruppe von phantastischen Werken nicht einzufügen vermag; diese Werke werden dadurch ›heimatlos‹ da sie sich auch in anderen literarischen Gattungen nicht unterbringen lassen.

Zweitens, an das Gesagte anknüpfend, ist diese Theorie eine falsche Verallgemeinerung, da sie in Wirklichkeit eine Partikularisation darstellt, der fälschlicherweise unbeschränkte Verallgemeinerungskraft zugeschrieben wurde.

Drittens ist sie gegenüber den Werken, die sie in ihrem Spektrum zu lokalisieren vermag, nicht neutral, ganz im Widerspruch zu den Absichten ihres Autors; sie macht nämlich das gleich, was strukturell nicht gleich ist.

Viertens ist sie als kulturelle Tatsache schädlich, da sie den einer humanistischen Theorie angemessenen Platz verläßt, um ihre Klassifikations- und Diagnoseschemata in eine Voraussage zu verwandeln, die einem Todesurteil für die gesamte Phantastik gleichkommt. Es ist recht schwer, sich einen krasseren Fall einer im Dogmatismus mündenden Usurpation vorzustellen.

Krakau, März 1973

* Tzvetan Todorov, *Introduction à la Littérature fantastique*. Paris; Editions du Seuil, 1970. Deutsche Ausgabe: *Einführung in die fantastische Literatur*. Übersetzt von Karin Kersen, Senta Metz und Caroline Neubaur. München: Carl Hanser Verlag 1972, 159 S. (›Literatur als Kunst‹ herausgegeben von Walter Höllerer)

Über Inkonsequenzen in der Literatur

I

In der fünften Nummer der »Teksty« schrieb ich, daß der Roman *20 000 Meilen unter dem Meer* zwei Versionen von Kapitän Nemo enthalte: eine – explizit – von dem untadeligen Helden, eine andere – implizit – von dem Peiniger der Mannschaft, da aus den im Text angeführten Ausmaßen des Schiffes hervorgeht, daß die Matrosen ihr Leben im Logis stehend zubrachten. In der folgenden Nummer der »Teksty« erwiderte A. Zgorzelski, daß die Mannschaft es durchaus bequem gehabt habe, denn »die Logik der Welt der Fiktion, die Gestaltung des Helden, des Hintergrundes, der Handlung verlangen zuweilen scheinbare Inkonsequenzen, die keine offenkundigen Schnitzer sind, sofern sie im gesamten Text ihre bestimmte Funktion haben«. Zgorzelski stützt sich auf die Ansichten Tynjanows und Goethes; er sagt, daß derjenige, der durch Schlußfolgerungen aus dem Text etwas erfahren möchte, was dieser Text nicht explizit enthält, ein Werk nicht korrekt kritisiert.

Da die Mehrheit der Kritiker gemeinhin das tut, was Zgorzelski und Goethe verbieten, kam mir der entsetzliche Gedanke in den Sinn, daß die licentia poetica – was wir bislang nicht wußten – auch die Tätigkeit des Kritikers umfaßt. Der Kritiker geht über den Text hinaus oder auch nicht, wie es ihm gerade gefällt, und das kann kein Schnitzer sein, weil es um scheinbare Inkonsequenzen geht, die innerhalb der gesamten Rezension ihre Funktionen haben. Um des Seelenfriedens willen sei jedoch gesagt, daß dies ein Scherz ist. Die Frage der Inkonsequenz in der Literatur verdient ernster behandelt zu werden. Zum Zweck einer Orientierung im theoretischen Vorfeld beginne ich damit, daß die Kohärenz eines Werkes sich in der Tat auf eine Instanz bezieht, die innerhalb der Literatur höher steht als die Logik, nämlich auf das Paradigma der Gattung. Dieses Paradigma hat eine geschichtliche Entstehung und ändert sich im Laufe der Zeit.

Wenn ein Werk ordnungsgemäß innerhalb einer Gattung plaziert ist, darf man mit Schlußfolgerungen insoweit über seinen Text hinausgehen, wie die paradigmatische Norm das zuläßt. Weil es aber in Literatur und Kritik außer der Synchronie auch noch die Diachronie gibt, kann man, wenn man den Faktor von Zeit und Gattung außer acht läßt, bei unserem Thema einige widersprüchliche Direktiven formulieren. Zum Beispiel:

1. »Ein und dieselben Widersprüche eines Textes können ihm nicht einmal als Fehler, das andere Mal als Verdienste angerechnet werden.« – »Doch, das können sie.«

2. »In einem realistischen Werk dürfen die Namen der Helden nicht offen die Hauptmerkmale ihrer Charaktere signalisieren.« – »Doch, das dürfen sie.«

3. »In einem nichtphantastischen Werk ist es dem Autor nicht gestattet, den Helden von einer Seite zur anderen zu verwandeln, beispielsweise einen Buckligen vorübergehend grade zu machen und ihm Meisterschaft im Boxkampf zuzuschreiben, damit er – der Gesamtmoral der Erzählung entsprechend, daß die gerechte Sache siegt – den Gegenspieler niederwerfen kann.« – »Doch, das ist ihm erlaubt.« Und so weiter.

Der erste Fall kommt bei Werken vor, die zunächst unterschätzt und dann in den Himmel gehoben werden. Die Literaturgeschichte ist voll von entsprechenden Beispielen. Was den dritten Fall betrifft, so kann man ein solches Werk schreiben, allerdings nur als Groteske. Aber ich sagte ja, daß der Widerspruch der Direktiven dann entsteht, wenn man den Faktor von *Zeit und Gattung* außer acht läßt. Also kann man ihn nicht außer acht lassen. Das Spektrum der Gattungen ist zwar kein lineares, doch können wir es der Einfachheit halber als linear annehmen, und dann erstreckt es sich vom äußersten Realismus bis hin zur Poesie. Was die Befugnisse des Autors betrifft, so erstreckt sich ihre Bandbreite parallel zu unserem Spektrum von der Haltung des Physikers bis hin zum Standpunkt des Zauberkünstlers. Der Realist hat in etwa dieselben Befugnisse wie der Physiker. Er darf – unter Bedingungen zulässiger Isolation und bei beliebig festgesetzten Ausgangs- und Randbedingungen – alle erdenklichen

Experimente ausführen, aber er darf dabei nicht mogeln. Wenn beispielsweise Magneten nicht so anziehen wollen, wie es sich gehört, darf er nicht mit Fädchen nachhelfen. Die Geschicklichkeit des Zauberkünstlers unterliegt dagegen nicht derartigen Beschränkungen. Dieser Unterschied bedeutet, übersetzt in die Sprache der Erkenntnistheorie, daß es bei den Vorführungen des Physikers nicht nur erlaubt, sondern unausweichlich notwendig ist, sich auf die Realität außerhalb des Labors zu berufen, während es bei den Vorführungen des Zauberkünstlers lediglich gestattet ist, sich auf das zu berufen, was in der Schule der Zauberkünstler gelehrt wird. Der Realismus hat für uns die Aufgabe, schlechthin die Welt zu verifizieren, während die Poesie allein die Poesie verifiziert.

Deshalb ist das Vergnügen bei der Kritik jeweils ein anderes. Die Freuden, die der Kritiker mit einem realistischen Text erlebt, sind völlig anderer Natur als die kalte Befriedigung, die der Antiroman den Hermeneutikern bietet. Aber diese Freuden sind zuweilen mit Pein vermischt.

L. B. Grzeniewski (vgl. sein *Drobiazgów duch waspaniały i powietrzny)* sah schon Wokulski in Verlegenheiten, denn Herr Stanisław führte weder die Damen aus der Halbwelt an, noch dachte er – und sei es nur aus Gewissenhaftigkeit – daran, seine Ehefrau zu befriedigen, und auch die flotte Witwe, die eine Zuneigung zu ihm zeigte, ließ er sitzen, und da er ein heißes Bad nahm (»Ich würde sie zerreißen«, keuchte er), blieb nur noch die gleichermaßen fatale Alternative: entweder war Wokulski ein Onanist, oder Prus war ein prüder Autor. Glücklicherweise fanden sich in der *Lalka* buchstäblich drei Worte über Wokulskis Ausschweifungen in Paris, die sowohl die schöpferische Potenz des Autors als auch die geschlechtliche Potenz des Helden retteten.

Ich bekenne – auch wann das komisch klingen mag –, daß ich die Entdeckung dieser drei Worte mit Erleichterung aufnahm, weil Prus auch an diese Seite der Dinge gedacht haben *mußte* (an die ich aber in der *Rückkehr von den Sternen* nicht gedacht habe). Ein Fehlen dieser Worte drängt zu Mutmaßungen, die der Gestalt bzw. ihrem Schöpfer Abbruch tun – tertium non datur. Realismus bedeutet nicht nur

Rechte, sondern auch Pflichten; die sexuelle Sphäre darf nicht unter eine Schweigeklausel fallen, wenn sie – und das ist ja in der *Lalka* der Fall – den Brennpunkt des Werkes bildet. Die Potenz läßt sich nicht für zwanzig Jahre suspendieren und dann, wenn Mendelssohns Marsch verstummt, wie ein Schwert aus der Scheide ziehen. Davon, daß der Held eine Serviette und nicht die Finger benutzte und daß er die Salons in Schuhen und nicht barfuß betrat, braucht man nicht zu reden, denn das versteht sich von selbst. Jenem Problem aber gebührte zumindest ein Hintertürchen, wenn nicht eine Beschreibung; indessen war Wokulski – da man schon erfahren hatte, daß er Frauen nicht über seine Schwelle ließ, daß er vor jeder, die bereitwillig war, flüchtete wie Joseph vor dem Weib des Potiphar – durch diese Ausschließungen derart von allen Seiten bedrängt, daß Prus ihm – und sei es nur mit drei Worten – zu Hilfe eilen *mußte;* es war schon Zeit! Würden wir Wokulski bei Dämmerung aus den Augen verlieren, hätte er etwas zu verbergen, so würde das hinreichen – als Indizien, denn wie ich einmal in der Auseinandersetzung mit einem amerikanischen Kritiker schrieb, ist der Rezensent kein Ankläger, sondern ein Verteidiger des Werkes, ein Verteidiger aber, der nicht lügen darf, dem es lediglich erlaubt ist, die Tatsachen im günstigsten Licht darzustellen. Folglich mußte auch Verne uns nicht die genauen Ausmaße der »Nautilus« und ihrer Salons unter die Nase reiben, doch wenn er das tat, mußte er auch an das Mannschaftslogis denken. Nachdem das gesagt ist, können wir zur Theorie übergehen.

II

Als Inkonsequenzen eines literarischen Werkes betrachten wir Verstöße gegen die Logik, d. h. Widersprüche im Sinne des Aussagenkalküls, antinomische Widersprüche im Sinne der semantischen Logik und Verletzungen der paradigmatischen Norm der Erzählung. Diese Verstöße oder Verletzungen müssen nicht a priori etwas Fehlerhaftes sein: so entstand

z. B. der Mensch durch eine komplexe Verletzung des Gattungsmusters des Uraffen.

Zur Erinnerung sei noch einmal gesagt, daß alles Paralogische und »Pataphysische« sich auf die Gattung bezieht, oder anders gesagt, daß in der Literatur die Natur der dargestellten und nicht die der realen Welt ausschlaggebend ist. Mit der obigen Einschränkung: Die Breite der funktionalen Amplitude reicht von der Inkonsequenz, die ein Werk konstruktiv begründet, über nichtkonstruktive, aber notwendige Inkonsequenz bis hin zu solchen, die es restlos zunichte machen. Am leichtesten sind logische und semantische Widersprüche zu bestimmen, da sie keine spezifisch literarischen sind.

In der Logik verstehen wir unter Widersprüchlichkeit das Verhältnis eines Aussagenpaares, von denen die eine der anderen widerspricht, aber auch die Eigenschaft einer Aussagemenge derart, daß aus dieser ein Paar von widersprüchlichen Aussagen abgeleitet werden kann. Widerspruchsfrei ist jene Menge, aus der sich keine Widersprüche ableiten lassen. Eine Antinomie besteht in einem Paar von Aussagen, die wir beide anzunehmen gezwungen sind. »Der Mensch ist ein Säugetier« und »Der Mensch ist kein Säugetier« ist ein Paar von widersprüchlichen, aber nicht antinomischen Aussagen. Die Antinomie nimmt uns die Freiheit der Ablehnung. »Ein Kreter sagte, daß alle Kreter lügen« ist eine Antinomie, da sie uns in den bekannten Teufelskreis führt.

Am interessantesten finde ich die konstruktiven Widersprüche. Eine der ehrgeizigsten Versuchungen für die Literatur besteht in dem Wunsch, es dem Herrgott gleichzutun in der Erschaffung von Welten, die keine plagiathaften Wiederholungen des göttlichen Produkts sind. Die Erschaffung einer »anderen Welt« beruht darauf, daß man konsequent bestimmte Inkonsequenzen begeht, oder anders gesagt, daß man von den empirischen Gegebenheiten in einer Weise abweicht, die sich zu einem System auswächst (das gewöhnlich innere Widersprüche aufweist – eine Eigenschaft, die je nachdem, welches Ziel der Künstler verfolgt, verborgen oder in den Vordergrund gestellt wird).

Dem angehenden Schöpfer stehen zwei Wege offen.

Entweder wandelt er einen (mindestens einen) grundlegenden Parameter der natürlichen Welt ab, d. h. er geht explizit vor (indem er beispielsweise die Eigenschaften der Zeit oder, wie wir sagen, der Entropie verändert). Oder der Schöpfer schweigt darüber, was er in welcher Weise abgeändert hat, und führt die Erzählung derart, daß die in ihr dargestellte Welt von der wirklichen abweicht und zugleich (eine sehr wichtige Bedingung!) mit keiner der üblicherweise erdachten Welten identisch sein kann. Das Repertoire solcher erdachten Welten umfaßt die Ontologien des Glaubens, des Märchens, des Mythos und des Traums. Am schwierigsten ist es, sich vom Traum zu lösen, denn er kann schließlich »alles« nachbilden – doch auch dagegen gibt es Mittel (Detailgenauigkeit, denn Traumgebilde sind zumeist nicht detailgenau; trockene Sachlichkeit, denn die Tiefen des Traums gehen auf die Aufstauung von Gefühlspotentialen zurück; großartige Ereignisse, die sich in der Unendlichkeit von Raum und Zeit vollziehen, denn das Blickfeld des Traums ist in der Regel eng usw.).

Der Leser ist, auch wenn er mit der Literatur vertraut ist, ein faules Geschöpf, und aus Trägheit versucht er, das Gelesene in jenem Teil der Genologie unterzubringen, der ihm zumindest einigermaßen vertraut scheint. Deshalb muß man ihn hartnäckig aus dieser Trägheit herausreißen. Denn nur, indem man immer wieder voreilige Zuordnungen ausschließt (schließlich geht es weder um einen Mythos, noch um ein Märchen, noch um einen Traum, noch um die Realität!), erreicht man, daß die literarisch geschaffene Welt als eine eigenständige erkannt wird. Diese Erkenntnis ist freilich nicht einfach herzustellen – gewöhnlich kommt sie erst nach einer langen Reihe von Kontakten zwischen dem weltschöpferischen Werk und den Lesern zustande. Auf dieses Problem will ich jedoch, da es zur Soziologie der Rezeption gehört, hier nicht eingehen.

Die offenkundige Veränderung grundlegender Parameter des Universums ist das gewohnheitsmäßige Geschäft der Science Fiction. Am besten erkennt man das in ihrer chronomotorischen Provinz. Durch eine Veränderung des Parameters der Zeit, eine Veränderung, die ihn umkehrbar macht, entsteht eine neues Universum, in dem der Logik entsetzliche Dinge zustoßen. Die tautologische Implikation: »Wenn Hans mit seiner Mutter verkehrt, ist Hans ein Blutschänder« büßt, obwohl sie analytisch ist, ihren Wahrheitswert ein, wenn Hans sich in die Vergangenheit begibt und zusammen mit einer fremden Frau sich selber zeugt. Weil sie nicht seine Mutter war, als er mit ihr verkehrte, war er kein Blutschänder. Ein Kosmos mit Chronomotion läßt, wie man sieht, geschlossene kausale Kreise zu, das heißt Wirkungen, die ihre eigenen Ursachen sind, und somit legitimiert er eine creatio ex nihilo.

Wozu kann eine derart starke Paradoxalität konstruktiv dienen? In der SF ist sie gewöhnlich autotelisch: sie wird herausgestellt, um den Leser zu schockieren. Im übrigen haben viele Autoren durch die Einführung zusätzlicher Hypothesen über das Wesen der Chronomotion die aus ihr folgenden kausal-logischen Paradoxien in dem Sinne zu rationalisieren versucht, daß die Welt, in der es Zeitreisen gibt, sich dennoch mit unserer Welt deckt, doch ist das niemandem gelungen und wird sicherlich auch niemandem gelingen.

Die Paradoxalität steckt nämlich in der innersten Struktur einer solchen Welt und kann im höchsten Falle geschickt camoufliert werden. Die Inkonsequenzen der Erzählung werden dann jedoch dazu benutzt, die grundlegende ontische Inkonsequenz der dargestellten Welt zu verschleiern. Was die SF auf diesem Teilgebiet betreibt, sind gerade solche formalen Spielereien. Anthropologisch haben sie wenig oder überhaupt keinen Sinn (denn außer der Verblüffung folgt schließlich nichts daraus, daß jemand sich selbst erzeugt, und dazu noch ex nihilo, sofern es ihm zwischen den einzelnen Ausflügen in der Zeit gelungen ist, sein Geschlecht zu verändern). Möglichkeiten einer anthropologischen Reflexion auf diesem Gebiet, die ja in den grotesken Anwendungen der Chronomotion stecken, werden von der SF vertan, die mit der sie kennzeichnenden Unreife (mit seltenen Ausnahmen) todernst sein möchte, statt ironisch oder satirisch zu sein. Bei einer der Reisen Ijon Tichys habe ich versucht, die Chronomotion für boshafte Zwecke einzuspannen, indem ich Tichy zum Direktor eines Instituts des 37. Jahrhunderts machte, dessen Ziel es ist, durch geeignete, auf die Vergangenheit gerichtete chronomotorische Interventionen die gesamte irdische Geschichte zu humanisieren, in ethischer und ästhetischer Hinsicht zu bessern und fortschrittlich zu machen. Weil jedoch im Institut selber Unordnung, Intrigantentum und Unfähigkeit herrschen, führt die Optimierung der Geschichte zu dem aus den Schulbüchern hinreichend bekannten Ergebnis. In der Hoffnung, daß mir niemand deshalb böse ist, füge ich hinzu, daß die »semantische Ausbeute« meiner »chronomotorischen Geschichtsphilosophie« in der Erzählung recht gering ist. Ich will damit sagen, daß man in die Erzählung sehr viel mehr Boshaftes über die Natur des Menschen und die Natur der Geschichte hätte hineinlegen können, als ich das getan habe. Ich erwähne das, um zu unterstreichen, daß allein die Struktur einer widerspruchsvollen, in diesem Falle chronomotorischen Welt mit der ihr eigentümlichen Topologie noch gar nichts entscheidet, abgesehen von der Unvermeidlichkeit kontraempirischer und antinomischer Zusammenstöße. Zu solchen Kollisionen muß es kommen, doch hängt es vom Schriftsteller ab, was er – bezogen auf den umfassenden Sinn seines Werkes – aus ihnen macht.

Vor dem Verlassen dieser ersten Region eines zugleich parametrischen und expliziten Weltschöpfertums ziemt es sich, einige Worte über das Schaffen Philip Dicks zu sagen, das eine Übergangssphäre zum Bereich der „normalen“ Literatur darstellt.

Dieser Grenzfall erfordert eine kurze Einführung. Die SF stellt das chronomotorische Universum nicht als ein existentiell von dem unseren getrenntes dar, sondern behauptet nur, wir seien bislang nicht zu den Techniken vorgestoßen, mit denen die in unserem Weltall latente Umkehrbarkeit der Zeit sich ausnutzen läßt. Es handelt sich um eine Inkonsequenz im Sinne einer gespaltenen Haltung innerhalb der Gattung, denn einerseits vertritt die SF eine programmatische Unterwerfung unter den Rationalismus und den naturwissenschaftlichen Empirisimus, verpflichtet sie sich also, nicht über den gegebenen Kosmos hinauszugehen, doch andererseits verwischt sie, durch ihre Ambitionen und unzureichende Bildung fortgerissen, die Grenze zwischen bisher noch nicht erkannten Eigenschaften *dieses* Weltalls und solchen Eigenschaften, die man dieser Welt nicht – und sei es auch nur mit einer Spur von Glaubwürdigkeit – zuschreiben kann.

An den Untiefen dieser Inkonsequenz, die so tut, als gebe es keinen Unterschied zwischen der Entdeckung unbekannter Merkmale der bekannten Welt und einem Herausgehen aus ihr in eine vollkommen erfundene Welt, stranden zahlreiche Werke der SF, weil der Kanon der Gattung verlangt, daß – gewöhnlich im Epilog – »wissenschaftliche Erklärungen« für die vorgefallenen Wunderdinge geliefert werden, und dabei verwickeln sich die Autoren in Widersprüche, denn die Wunder des Irrationalismus tun ihnen ebenso leid wie die Triumphe des Instrumentalismus. Irgendwie kommt es ihnen nicht in den Sinn, daß man ganz einfach eine veränderte Beziehung »Instrumentalismus – Ontologie« unterstellen muß, damit Techniken entstehen, die dem Sein Eigenschaften *verleihen,* die es überhaupt nicht besaß. Die Wissenschaft besitzt einstweilen keine Befugnis, dieses »pantokreative Postulat« anzugreifen oder zu verteidigen, ist ihm gegenüber also neutral. (Glaubensbekenntnisse können ihm gegenüber nicht neutral sein, da es eine Konkurrenz zum Schöpfer beinhaltet. Die Dogmen ließen sich allerdings in der Weise transformieren, daß sie dieses Postulat am Ende akzeptieren würden, was möglicherweise der Fall sein wird, wenn diese Technik, die heute noch ein Wunschtraum ist, Wirklichkeit wird.)

Das geschilderte Dilemma der SF kann man auch in der Weise überwinden, daß man nicht eindeutig sagt, was am Sein der Natur und was der Kultur entstammt (d. h. welche Elemente des »Seinsgemisches« von der Natura naturans und welche von der Natura transformata geschaffen wurden). Man verfällt dadurch in andere Inkonsequenzen, die allerdings insofern weniger tadelnswert sind, als ihre konstruktive Bedeutung für die Vision dann vorrangig, also zumindest gerechtfertigt wird. Gerade Philip Dick befaßt sich mit einem Weltschöpfertum, das die Unterscheidung zwischen Fakten und Artefakten der Existenz hinfällig macht. Seine Welten erzeugen ein breites Spektrum von Alpträumen, und gemeinsam ist ihnen ein fortschreitendes Ineinanderwachsen von Wachbewußtsein und Phantasie, das insofern verhängnisvoll ist, als die Tatbestandsdiagnosen (ob es sich um den Wachzustand oder um eine Erscheinung handelt) scheinbare Gewißheit erlangen, nur um desto grausamer zusammenzubrechen.

Die Dominante von Dicks Welten ist das Element des Zerfalls, ist eine gleichsam monströs beschleunigte, blindlings dahintreibende Entropie, die sogar die Zeit verschlingt, und bei einem Großteil der Werke Dicks stellt jedes Buch eine andere Realisierung der lawinenartig fortschreitenden Agonie dar.

Mit jener ellenlangen Liste von Weltuntergängen, die von der Science Fiction auf ärgerliche Weise erweitert wird, hat das nichts zu tun. Es geht nicht darum, daß die Sonne explodiert, die Erde verbrennt, platzt oder untergeht, daß die Menschen ihre Fruchtbarkeit, den Platz zum Leben oder die Luft zum Atmen verlieren, daß sämtliche Bomben hochgehen usw. Es geht vielmehr darum, daß der Zerfall in der Natur der Dinge liegt, daß er sich wie eine Pest ausbreitet, weil die Welt eben so ist, und nicht, weil die Marsbewohner vorm Fenster stehen, weil Viren anklopfen usw. Im Grunde verleiht Dick den allmählich wirkenden, verborgenen und deshalb im Alltag unmerklichen Entropietendenzen der Welt nur eine monumentale Wucht, eine bedrohlich (aber auch ungeheuer komisch) erscheinende Beschleunigung, die in jenes zerstörerische Spiel mündet, das im Laufe der Handlung ständig an Tempo gewinnt, und er verleiht diesen Tendenzen außerdem zivilisatorische Instrumente (Halluzinogene, telepathische Verfahren usw.). Bedenkt man, wie sehr unser Glaube an die Vollkommenheit, d. h. an die Gutartigkeit des instrumentellen Fortschritts schon zerbröselt ist, scheint Dicks Idee eines krebsartig anschwellenden Zusammenwachsens von Natur und Kultur, von Fundament und Instrument keine bloße Phantasmagorie zu sein.

Dicks Welten scheint die Vision eines zwar intentionslosen, das heißt unpersönlichen Kosmos zugrundezuliegen, der seinen Bewohnern weder gut noch böse will, der aber dennoch parteiisch ist, da er die Eigenschaften einer Falle hat, die der praktischen Vernunft gestellt ist – einer Falle, die es der Vernunft erlaubt, ihre Materie zu beherrschen, aber so, daß es am Ende immer auf Pyrrhussiege hinausläuft. Es handelt sich um eine Falle mit verzögerter Wirkung, die die Prometheusse zunächst mit Gnaden überhäuft und erst in schwindelnder Höhe, wo es keine Umkehr mehr gibt, über ihnen zuschnappt, so daß sie nicht einmal wissen, ob das Scheitern an ihrer Unfähigkeit liegt oder ob es unausweichlich war. Man pflegt das Scheitern der Zivilisation in falscher und verengter Weise mit dem Rückfall in eine vergangene geschichtliche Phase, etwa in die Phase des Höhlenlebens oder des animalischen Daseins, gleichzusetzen, doch bei der mir vorschwebenden Vorstellung handelt es sich um eine auf der erreichten Höhe monströs werdende Entwicklung, die sich auf nichts Natürliches mehr berufen kann, weil Natur zu einem anachronistischen Begriff geworden ist. Schließlich ist es ja möglich, daß die durch eine immer umfassendere Beherrschung der Phänomene verliehene Macht bloß eine Karikatur des instrumentellen Ideals ist, daß es aber zugleich auf dem eingeschlagenen Wege eine Rückkehr nur noch über den Gipfel gibt, den man erreichen muß – und zwar nicht etwa aus freien Stücken, sondern aufgrund der Trägheit, mit der die zivilisatorische Entwicklung sich fortsetzt. Die allgemeinen Formeln einer solchen Naturphilosophie können inhaltlich mit unterschiedlichen Vorstellungen ausgefüllt werden. Ob gerade diese Vision – die Vision eines Sumpfes der Erkenntnis – Dick bedrängt, ist schwer zu sagen, denn allzu gut ist es ihm gelungen, seine Chaosse zu entfesseln, und obendrein hat er sie noch im Fieberwahn versinken lassen. So weiß man denn auch nicht, was daran Resultat von sich selbst überlassenen oder krebsartig wuchernden Techniken und was daran wahnhafte Einbildung eines unter der Bürde der Existenz paranoid gewordenen Geistes ist.

Dick ist nicht ein Führer durch seine Welten, sondern macht eher den Eindruck, als habe er sich in ihnen verirrt; seine Romane sind holprig, machen halluzinatorische Sprünge, sind mit kitschigen und melodramatischen Elementen durchsetzt, die das Mysteriöse zur Mystifikation und das

Drama zum Abenteuer machen. Trotz dieser Mängel scheinen sie jedoch Wahrheit zu enthalten, sofern es wahr ist, daß der zivilisatorische Fortschritt den existentiellen Fortschritt nicht gewährleistet und das geschichtliche Verhältnis zwischen beiden sich unabhängig vom Menschen ändern kann. Trotz ihrer zahlreichen Mängel sind diese Romane visionär, denn sie gestatten es, die Parole vom »Zukunftsschock« mit konkreten Erlebnissen auszufüllen (natürlich nicht im Sinne einer Prognose, sondern nur im Sinne eines verblüffenden Andersseins).

Wir haben Dicks Methode der Weltschöpfung skizziert, die in manchem mit der Aleatorik verwandt ist und Kategorien, die der gesunde Menschenverstand immer auseinanderzuhalten gebietet, miteinander verschmelzen läßt. Das aus der wissenschaftlich genannten Phantastik erwachsene Weltschöpfertum trägt deren Stempel insofern, als es auf den Szientismus und den Instrumentalismus zurückgeht. Der Weg, den die Science Fiction zurückgelegt hat, ging – um es abgekürzt zu sagen – von der Inzucht über eine wegen schlechter Auslese geringwertige Hybridisierung bis hin zu neuen exogamen Verbindungen. Er verlief nämlich von der Liebhaberei selbstüberheblich schwätzender Ingenieure über naive Versuche einer Utopie und den Schematismus kosmisch aufgeblähter amerikanischer Karrieremythen bis hin zur heutigen Märchenschreiberei, die aus anachronistischen und infantil brutalisierten Machtträumen besteht, wobei diese geistig nichtssagenden Faseleien, mit dem Abhub von Expressionismus und anderen Parnassismen durchtränkt, sich nach außen mit der Kruste eines kollektiv entwickelten pseudowissenschaftlichen Jargons zieren. Daher läßt sich schwer sagen, was besser ist – die frühere Inzucht oder die heutige Anmaßung. Obwohl die Verbindungen der SF zur Sphäre der Erkenntnis immer unsicher und mit possenhaften Mißverständnissen behaftet waren, wollte sie doch, auch wenn sie taub war, auf die Wissenschaft hören, und dadurch wurde sie – allerdings hinkend – in die Zukunftsproblematik hineingezogen, doch eines hat sie wohl richtig erfaßt, nämlich, daß der technologische Faktor aus der Zivilisation, mit der er auf Leben und Tod verwachsen ist, nicht mehr zu beseitigen ist. Allerdings kommt die abgeschmackte Art, in der die SF diese Tatsache verkündet, nicht gerade ihrer Glaubhaftigkeit zugute – doch heute ist die Aufgabe, diese Tatsache auszusprechen, einfach von der Welt, in der wir leben, übernommen worden. Wenn man (ich lästere) über künstlerische Probleme hinwegsieht, bleibt diese Orientierung eine Errungenschaft der SF, denn das Eindringen sich verselbständigender Instrumente in die Kultur wird von Dauer sein, und ein literarisches Thema, das eines auf die Technik zurückgehenden Koeffizienten entbehrt, wird sich früher oder später als ein reines Märchenthema erweisen.

Hingegen hat jener Trend in der Weltschöpfung, der mit Kafka einsetzte und im Antiroman sowie verwandten kreativen Formen seine Fortsetzung fand, sich quasi für immer von einer solchen Haltung gelöst. Das liegt nicht nur daran, daß die Autoren der beiden Bereiche radikal verschiedene Interessen oder Weltanschauungen haben, sondern auch daran, daß der Kreation zumindest anfangs sehr unterschiedliche Aufgaben gestellt wurden. Das Weltschöpfertum, dessen Vorläufer Kafka war, errichtet eine autonome Wirklichkeit als eine unerläßliche Voraussetzung seiner Aussage. Die Welt dieser Fiktion erhebt nicht einmal den geringsten Anspruch, mit der Realität identisch zu sein, aber sie ist in ihrer Substanz auch keine bloß mentale – wie ein Traum oder ein Trugbild – und eigentlich läßt sich ihr ontischer Status nur bestimmen, indem man auf Begriffe der Informatik zurückgreift: es geht darum, das Sein in einer Weise darzustellen, die insgesamt zum Signalisationsapparat wird, der auf eine bestimmte Übermittlung eingestellt ist – ein solcher Apparat ist deshalb notwendig, weil die Übermittlung sich mit einem anderen, existentiell weniger eigenständigen Mittel nicht kommunizieren läßt. Es handelt sich also um eine bedeutungstragende Welt, die aber nicht unbedingt eine allegorische sein muß, denn über der Welt der Allegorie erstreckt sich – gleichsam wie der Himmel über der Erde – das System ihrer Bezüge in der Realität; im Idealfall besitzt die Allegorie einen Schlüssel, der ebenso präzise funktioniert wie der Schlüssel zu einer Chiffre, und indem man ihn anwendet, kann man allen wesentlichen Elementen ihrer Fiktion entsprechende Dinge,

Erscheinungen oder Kategorien zuordnen. Nun ist aber durch Kafka schon das Prinzip einer solchen Aufteilung (zwischen der Erde – dem allegorischen Gebilde – und dem Himmel – der Konstellation seiner Bezüge) hinfällig geworden. Zuweilen heißt es, diese Art der Weltschöpfung ermögliche die Konstruktion von Modellsituationen, und es verhalte sich damit ein wenig wie mit dem Experiment, für das außergewöhnliche Bedingungen einer vollständigen Isolation, ganz bestimmte künstliche Grundlagen und künstliche Ausgangs- und Randbedingungen unerläßlich sind. Man kann auch sagen, daß es um eine Welt geht, die einmalig dafür und nur dafür geschaffen wird, daß in ihr etwas geschieht und dieses Geschehen zusammen mit dieser Welt die Funktion eines Kommunikats erfüllt. Man kann aber ebensogut behaupten, daß die Autonomie dieser Schöpfung noch weiter geht und wir nicht irgendein Welt-Kommunikat vor uns haben, sondern einfach eine fiktive Wirklichkeit von größtmöglicher Eigenständigkeit. Ich gebe diese letztere Auffassung loyalerweise wieder, auch wenn ich nicht mit ihr übereinstimme, da ich überzeugt bin, daß eine wirklich vollkommene Eigenständigkeit, sofern sie erreichbar ist, auf völlige Unverständlichkeit hinausläuft und den Sinn des Vorhabens zunichte machen muß.

Da wir schon ungefähr wissen, um was es bei dieser Entwicklungslinie der Literatur geht, wollen wir die Frage anschneiden, wie es bei ihr mit der Handlung aussieht. Eigentlich habe ich darüber schon in dem Essay geschrieben, in dem Tzvetan Todorovs Theorie der Phantastik kritisch dargestellt wird, und ich möchte das dort Gesagte nicht wiederholen. Deshalb nur der Ordnung halber und ganz knapp: Die Pragmatik dieser Schöpfung muß gleichzeitig zwei Dinge im Auge haben. Sie muß dem Leser klarmachen, daß die dargestellte Welt kein Teil der ihm bekannten relaen Welt ist, und sie muß ihn zu diesem Zweck sukzessive an jener Orientierung hindern, die aus Trägheit natürlicherweise dazu neigt, das Gelesene in der Weise eindeutig zu machen, daß wir von einer Vertrautheit von Ort und Zeit sprechen können. Zugleich dürfen die Mittel, die den Leser an einer bequemen Orientierung innerhalb dieser vertrauten Welt hindern, ihn nicht vollständig betäuben und dermaßen verwirren, daß er ganz einfach die Fassung verliert und entweder das Buch ärgerlich beiseitelegt oder aus Snobismus blindlings den Experten vertraut, die ihm versichern, daß es sich um ein bedeutsames und vortreffliches Werk handele. Die Wirkung des Textes beruht darauf, daß er dem Leser Hinweise liefert, die ihn in verschiedene, aber nicht gleichzeitig nachvollziehbare Richtungen lenken. Man kann diese Wirkung beispielsweise an der *Verwandlung* überprüfen. Die Sache beginnt wie eine realistische Milieuschilderung, bis sich der Held, Gregor Samsa, in einen Käfer verwandelt; ginge es um ein konventionelles Märchen oder gewöhnliche wissenschaftliche Phantastik, so könnte man sich vorstellen, wie die Verwandten des Verwandelten reagieren – sie müssen ja überrascht sein und angesichts der Gefahr, daß jemand Aufnahmen machen könnte, um Hilfe suchen (im Märchen beim Zauberer, in der SF bei den Wissenschaftlern), doch nichts dergleichen geschieht; wie wir sehen, folgt auf eine »Inkonsequenz« (die Verwandlung in einen Käfer) die nächste: die Umgebung verhält sich »nicht, wie sie sollte«. Der Text muß – das verdient hervorgehoben zu werden – seine Autonomie an zwei Fronten aktivieren: gegenüber dem naiven Realismus, jenem felsenfesten Fundament der Alltäglichkeit, und gegenüber den bereitstehenden kulturellen Mustern des Mythos, des Märchens, der religiösen Legende usw.

In einem Werk, das nicht die Absicht verfolgt, eine eigene Welt zu schaffen, spielen Inkonsequenzen eine ganz andere Rolle als dort, wo sie für ein Werk konstitutiv sind. Als Beispiel mag die ziemlich unbedeutende kleine Novelle *Die Brille* von E. A. Poe dienen, in der ein kurzsichtiger Jüngling, der jedoch aus Eitelkeit keine Brille trägt, sich auf den ersten, verschwommenen Blick in eine Dame verliebt, die er im Theater gesehen hat; er will sie um jeden Preis heiraten, und nach der Hochzeit setzt er auf ihr Drängen hin die Brille auf. Es stellt sich heraus, daß die Dame seine aus Frankreich herbeigereiste Ururgroßmutter ist, daß die Personen aus der Gesellschaft, die bei der Hochzeit behilflich waren, lediglich eine Komödie der Verwirrung veranstalteten, und diejenigen, die nichts davon wußten, in dem Glauben waren, das

Entzücken des jungen Mannes gelte der Begleiterin der alten Dame, ihrer bildhübschen Verwandten. Die Erzählung wimmelt nur so von Inkonsequenzen: Warum, wenn er schon so schlecht sah, bezauberte ihn eigentlich eine fremde Frau, und das noch über die ganze Breite des Zuschauerraums hinweg? Wenn er sich an ihrem Bild auf der ihm überreichten Miniatur sehr wohl ergötzen konnte – warum hat er dann nicht aus ebenso geringer Entfernung das Gesicht der uralten Geliebten beim Tête-à-tête richtig erkannt? Wie konnte er, wenn er so verliebt war, kaum, daß er die Brille aufgesetzt hatte, ausrufen: »Du alte Hexe!«? Doch diese physiologischen, psychologischen und situativen Widersprüche waren natürlich notwendig, denn ohne sie wäre das ganze Quiproquo nicht entstanden. Die Erzählung stolpert über diese Widersprüche, doch bedeutsamer wird wohl der Hinweis sein, daß es – und hätte sie es auch noch so geschickt verstanden, sie zu umgehen – am Ende immer darum gehen wird, sie zu verschleiern und dadurch unsichtbar zu machen. Dagegen sind die Inkonsequenzen eines Werkes wie *Die Verwandlung* anderer Art: Wenn Poes Werk eine gewisse Wirkung *trotz* seiner Widersprüche erzielt, so entsteht Kafkas Werk *dank* ihrer. Während es sich im ersteren Fall eigentlich um „scheinbare Inkonsequenzen" handelt, die vom Leser verlangen, daß er ihnen einen Vorzugstarif einräumt, daß er bei ihnen ein Auge zudrückt, scheuen die Widersprüche im letzteren Fall keine Überprüfung, ja, sie *müssen* sogar deutlich erkannt werden, denn demjenigen, der sie nicht wahrnimmt, sagt die *Verwandlung* nicht das, was sie sagen soll. Eine durch Widersprüche der Wahrnehmung realisierte Weltschöpfung findet ihre Entsprechung in den optischen Täuschungen. Wenn man das Innere eines Experimentierraums derart gestaltet, daß das Auge das Gesehene nicht eindeutig zusammenfügen kann, wird der Betrachter sehr unsicher. Man kann die Wände, Fenster und Türen derart gestalten, daß sie den Gesetzen der optischen Perspektive widersprechen. Während der Raum eine deutliche Trapezform hat, erscheint er dem Betrachter dennoch vom Eingang her als quadratisch. (Weil man die dem Beobachter näher stehenden Gegenstände übertrieben klein macht und die ferneren mit Absicht vergrößert, liefern sie dem Auge täuschende Daten über ihre wirklichen Proportionen.) Von zwei Menschen, die in entgegengesetzten Ecken eines solchen Raums stehen, erhält der Betrachter den Eindruck, der eine sei ein Riese, der andere ein kleiner Zwerg. Kennt er dagegen diese Personen und weiß er somit, daß sie von normalem Wuchs sind, dann vollzieht er reflexartig eine Korrektur ihrer Größe, doch erfährt dann der ganze Innenraum, den er sieht, eine beunruhigende Verwandlung. Die Decke hängt krumm herab, die Fenster- und Türrahmen werden schief – eine Stabilisierung des Bildes wird schier unmöglich. Der Betrachter schwankt zwischen der Auffassung, es handele sich um einen Riesen und einen Zwerg in einem gewöhnlichen Raum, und der Auffassung, er habe es mit zwei normalen Menschen in einem unwahrscheinlichen Raum zu tun. Das Resultat ist ein Gefühl, als hätten die Gesetze, denen das Gesehene gemeinhin unterliegt, sich geändert, als könne es nicht ein Bestandteil der gewöhnlichen Welt sein.

Die Konstruktion von Texten, welche eine vollständige Autonomie gegenüber der Realität vorgeben, beruht gleichfalls auf einer Verletzung der gewöhnlichen Maßstäbe unserer Rezeption – nur daß es hier um die semantischen und nicht um die optischen Maßstäbe geht.

Die Widersprüchlichkeit des Textes ist indessen eine kontinuierlich abstufbare Eigenschaft. Sie kann daher bei den Werken eines Autors von Mal zu Mal stärker werden. Die späteren Werke von T. Parnicki weisen in dieser Hinsicht einen zunehmenden Gradienten der Widersprüchlichkeit, eine eigentümliche Eskalation der Widersprüche auf.

Hinsichtlich der »rezeptiven Widerstandsfähigkeit« gegen die Dosis der applizierten Widersprüche unterscheiden sich die Leser sehr stark untereinander. Deshalb haben ein und dieselben Kritiker, die den früheren Romanen Parnickis ihre Anerkennung aussprachen, diese seinen Spätwerken zuweilen versagt – obwohl seine kreative Methode sich grundsätzlich nicht veränderte, sondern lediglich verstärkte.

Dem ist noch hinzuzufügen, daß gemeinhin der Unterschied zwischen Absurdität und Nonsens nicht berücksichtigt wird. Eine Absurdität ist ein widersprüchlicher, aber sinnvoller Ausdruck (Maria ist eine kinderlose Mutter), denn man kann verstehen, worum es dabei geht, so sehr es sich auch um eine Unmöglichkeit handeln mag. Ein Nonsens ist ein unzusammenhängender Ausdruck, der keine Kohärenz besitzt und keine bekommen kann und daher unverständlich ist. Man kann sagen: »Credo quia absurdum est«, denn man kann an das wunderbare Nebeneinanderbestehen von Widersprüchen glauben (ohne ein Wunder zu sein, treten Widersprüche bei Reisen in der Zeit auf). Hingegen kann man nicht an Nonsens glauben, d. h. an etwas, was man nicht begreift.

Während es nun einfach ist, bei einfachen Sätzen und der geringen Zahl ihrer Konjunktionen zwischen Absurdität und Nonsens zu unterscheiden, kann sich bei Werken, die in logischer Hinsicht aus sehr langen Konjunktionen von Sätzen bestehen, eine solche Unterscheidung als undurchführbar erweisen. Kafka, der am Anfang dieser Richtung der Belletristik stand, hat jedenfalls den Text selbst nicht sehr stark mit Widersprüchen beladen, sondern er hat vielmehr, soweit es um die Bedeutung von großen Fragmenten seiner Texte geht, miteinander kollidierende Auslegungen gleichermaßen legitimiert. Der Weg, der von Kafka zu Parnicki führt, ist ein allmählicher Übergang von einem kreisförmigen zu einem verwickelten Labyrinth.

III

Nun einige Worte zur Typologie solcher Inkonsequenzen des Textes, die wir am liebsten als konstruktive Widersprüche bezeichnen würden. Wir wissen bereits, daß der Schriftsteller außer den konstruktiven auch verschleierte Widersprüche benützt, die – wie bei Poes *Brille* – der Aufmerksamkeit des Lesers entgehen sollen, denn wenn sie ihr nicht entgehen, werden sie leicht umgedeutet in störende Inkonsequenzen, in gewöhnliche Symptome erzählerischer Unfähigkeit. Die traditionelle Literatur kannte nur diese letzteren, und nur von ihnen sprach Goethe (den Zgorzelski in Nr. 6 der »Teksty« zitiert), denn dem deutschen Olympier ging es vor allem darum, sie zu rechtfertigen, wohingegen die moderne Literatur scheinbare Widersprüche zu Hauptträgern der weltschöpferischen Kreation avancieren ließ.

Die für den Schriftsteller brauchbaren Inkonsequenzen können unterschiedlich stark sein. Am stärksten sind Widersprüche im Sinne der Logik oder der logischen Semantik. Schwächere entstehen aus einer Äquivokation. Am schwächsten sind schließlich Widersprüche kultureller, d. h. außerlogischer Natur. Sie seien der Reihe nach, wenn auch nur kurz, vorgestellt.

Semantische Widersprüche finden wir häufig in der Dogmatik religiöser Glaubensgemeinschaften. Figuren kontradiktorisch paradoxaler Syllogismen, die in sprichwörtlicher Kürze etwas Absurdes ausdrücken, spielen etwa im Zen-Buddhismus eine weit bedeutsamere Rolle als Widersprüche im Christentum – obwohl es daran auch im Christentum nicht mangelt, denn es ist beispielsweise ein Widerspruch, wenn gesagt wird, drei Personen seien eine Person.

Die Struktur eines (etwa dank der Religion) eingeschliffenen Paradoxons kann ebenso wie die Struktur eines absurden Kinderreims als kreative Matrize dienen, weil uns beide unauslöschlich ins Gedächtnis eingeprägt sind, so daß selbst dann, wenn sie nur als ein undeutliches Echo evoziert werden, eine eigentümliche emotionale Resonanz entsteht (Milosz sprach in diesem Zusammenhang von dem »Magischen«, das in jeden Text einfließt, der in Form eines Kinderreims gestaltet ist). Wir wollen auf solche Einzelheiten nicht näher eingehen, denn wir befassen uns nicht mit der Strategie der Schöpfung, sondern nur mit einigen ihrer Instrumente. Gleichwohl erscheint der Hinweis unumgänglich, daß die Schriftsteller das Instrument des Widerspruchs nicht bewußt einsetzen, daß sie nicht mit gewissermaßen planmäßiger Perfidie nach Verstößen gegen den Sinnzusammenhang des Textes suchen. Eine auf Antinomien zielende Taktik kann der Schriftsteller nicht mit derselben Berechnung einsetzen wie etwa der Heerführer in der Schlacht, denn dieser kann sich im Hinblick auf die bestehende Schlachtordnung der angetretenen Heere täuschende Listen einfallen lassen, während für den Schriftsteller diese Schlachtordnung erst unter seiner Feder ensteht, wächst und – je nachdem, ob es ihm schlecht oder gut gelungen ist – Trägheit oder Autonomie erlangt.

Der Vorgang des Schaffens ist, um es kurz zu sagen, nicht vollständig rationalisiert, und während es mit Hilfe der Theorie möglich ist, retrospektiv das Organisationsprinzip eines Werkes zu entdecken, hilft sie doch denjenigen, die das noch unbeschriebene Papier vor sich haben, keineswegs.

Die *logischen* Widersprüche, die von allen erdenklichen Widersprüchen die stärksten sind, besprachen wir bereits am Beispiel der »chronomotorischen« Science Fiction. Davon, daß sie eine konstruktive Rolle spielen, kann man kaum sprechen – eher findet man sie in Witzen, Paradoxien, Aphorismen, also in kleinen Formen, als in der typischen belletristischen Erzählung. Das liegt eben daran, daß sie »sehr stark« sind, dadurch die Aufmerksamkeit auf sich lenken und sich somit schlecht dazu eignen, Dienste für andere (nämlich nicht-paradoxale) Zwecke zu leisten.

Eine Erzählung kann außerdem andere Arten von Widersprüchen nutzen, die sowohl gegenüber den logischen als auch gegenüber den semantischen Widersprüchen, die wir bisher erwähnten, schwächer sind.

Das können etwa Widersprüche zwischen literarischen Poetiken sein, die einander kulturell ausschließen, so wie es etwa ausgeschlossen ist, daß man jemanden mit einem Kuß auf beide Wangen begrüßt und ihn gleichzeitig gegen das Schienbein tritt. Sollte es jedoch zu einer solchen Ausschreitung kommen, so würde sie – eben dadurch, daß sie in keinem der bereitstehenden Fächer sittlichen Verhaltens unterzubringen wäre – zu einem besonderen Zeichen, das innerhalb des Werkes einen nicht alltäglichen Sinn trägt (Swidrygajlows berühmter Biß ins Ohr gehört hierher). Kulturelle Widersprüche sind ganz einfach Verhaltensweisen oder Aussagemodalitäten, die, weil sie »unannehmbar« sind, nicht nachvollzogen werden können. Wenn eine Beschreibung sich einer lyrischen Poetik bedient, dann nicht einer skatologischen; wenn sie die Tugend schildert, dann nicht auf eine verunglimpfende Weise usw.

Das sind offensichtlich außerlogische Widersprüche, die

auf entsprechende Verbote im praktischen Leben und Normierungen innerhalb der Literatur zurückgehen. Sie entstehen aus einer Wertehierarchie und tabuistischen sozialen Normen sowie aus einem geschichtlich entstandenen System der schöpferischen Pragmatik. Doch wir kennen in der Belletristik bereits den modalen »Inzest«, der schockiert und gerade dadurch auf sich aufmerksam macht. Dadurch wird die erhabene Vulgarität, der Stil eines pathetischen Hymnus in einer pornographischen Darstellung (vgl. die Bücher Henry Millers) oder die Entwicklung von edlen, programmatisch philosophischen Rechtfertigungen für die abscheulichsten Entartungen bis hin zur Koprophagie, die Formulierung eines kategorischen Imperativs für die kriminelle Perversion (bei de Sade) so eindrucksvoll.

Wir haben somit die folgende Typenhierarchie: Die stärksten Widersprüche – die *logischen* – sind ein Instrument der Schöpfung von Spezialisten, ein Instrument, durch das Absurdität hervorgerufen wird (die entweder scherzhaft als Paradoxie oder auch »ernsthaft« als »wissenschaftlich begründete« Chronomotion in der SF dargestellt werden kann). *Semantischer* Widersprüche bedienen sich die Schriftsteller auf breiter Front, denn sie erzeugen ein Labyrinth von Bedeutungen, das, wenn man es durchmißt, eine eigentümliche Aura des Geheimnisvollen schaffen kann. Durch ihre Verwendung erhält man deshalb ein modernes Pendant des Mythos, denn der Mythos ist ein Spiel ohne Gewinnstrategie – in demselben Sinne, in dem es für Herrn K. im *Prozeß* keine solche Strategie geben kann. Hier wie dort vollzieht sich ein Wettkampfspiel zwischen Partnern, die an Kräften und an Wissen ungleich sind – der eine ist immer unergründlich wie der Gott Augustins, der andere immer den geheimnisvollen Intentionen des ersteren ausgeliefert. Die eine »Mimikry des Mythos« schaffende Rolle des Widerspruchs beruht darauf, daß er den Leser auf den Spuren der Handlungsfiguren in einen unüberschreitbaren circulus vitiosus hineinführt.

Und schließlich haben wir die schwächsten erzählerischen Widersprüche in Gestalt eines Amalgams von Poetiken, die einander bislang abgestoßen haben; sie werden heute besonders intensiv ausgebeutet.

Das Durchbrechen der Schranken zwischen bislang unvermischten Poetiken hat bereits zu neuen Konventionen geführt. Diese auf Antinomien zielende Strategie ist besonders aggressiv, denn wer in diesem Sinne arbeitet, muß ständig nach neuen Opfern in Gestalt noch nicht vergewaltigter Poetiken suchen, da die Wirkung einer jeden »Verkommenheit«, eines jeden »Inzests« rasch verfliegt, so daß sie denn auch nur den Werken, die den Stellenwert von Vorläufern haben, einen gewissen Ruf verschafft. Die Maxime dieser Art von schriftstellerischem Schaffen lautet deshalb: »Erreichen, was bislang noch niemand zu erreichen vermochte«.

Weil aber die Schockwirkung des Zusammenstoßes von Poetiken, die im ästhetisch-kulturellen Raum am weitesten voneinander entfernt sind, äußerst langsam verfliegt, ist ein solches Vorgehen beherrscht von den Gesetzen der Eskalation und einer damit verbundenen Inflation der Bedeutungen und dadurch der Werte, ist es beherrscht von Gesetzen, die immer offenkundiger eine paradoxe Wirkung entfalten, weil aus der Zerstörung von Werten andere Werte entstehen, nämlich die traditionellen.

Die zu beobachtende Intensivierung solcher Unternehmungen, das Suchen nach etwas Reinem, das noch nicht entjungfert wurde, hat vor unseren Augen sogar schon die unschuldigen Kindermärchen erfaßt, die man zu Pornographie umgearbeitet hat.

Die führende Stellung nimmt auf diesem Gebiet die *Geschichte der O* von Pauline Réage ein, ein eigentümliches Pendant zu den Werken de Sades, aber auch etwas mehr als nur eine masochistische Hälfte, die man an die sadistische angesetzt hat – an jene Hälfte, die aus dem Werk des berüchtigten Marquis besteht. Denn es ist auch die Geschichte einer großen Liebe, die noch gesteigert wird durch die Größe der Erniedrigungen, welche die O von dem Geliebten erfährt. Jene Gestalten de Sades, die zum libertinischen Glauben bekehrt wurden – wie das unschuldige Mädchen aus der *Philosophie im Boudoir,* das sich mit der für frisch Bekehrte typischen Beflissenheit der Ausschweifung hingibt – büßen gleichzeitig alle höheren Gefühle ein. Bei der Heldin von Pauline Réage wird dagegen die Liebe (nicht das

Begehren) um so stärker, je schändlicher der Geliebte sie prostituiert. Die Erniedrigung kennt keine Grenzen; die als Symbol der totalen sexuellen Abhängigkeit der Heldin befohlenen und von ihr ausgeführten Handlungen – etwa das Spreizen der Schenkel selbst während des Schlafes – machen sie zu einem Eigentum, das den verachtungsvollen Eigentümer liebt. Der Roman enthält wohlgemerkt nicht allzu viele Obszönitäten, und diejenigen, die für den Gang der Handlung notwendig sind, werden eher besprochen als beschrieben. Das Werk macht tatsächlich die Möglichkeit glaubhaft, daß die sogenannten höheren Gefühle aus dem hervorgehen, was wir für die äußerste Erniedrigung halten. Es ist im übrigen auf eine sehr banale Weise ein antiveristisches Werk. Ein Mädchen, das so unablässig wie die O malträtiert wird, könnte nicht, mit Wunden und Narben übersät, ein attraktives Objekt für Lord Stephen sein, einen verfeinerten Dandy, der den perversen Kopulationen eine ästhetische Kontemplation vorausgehen läßt (worin sich übrigens auch eine raffinierte Dissonanz der Poetiken äußert). Wäre nicht dieses unausgesetzte Wunder, dank dessen die Heldin unversehrt durch die Peinigungen hindurchgeht wie ein Fakir durchs Feuer, so würde der Roman aus der Atmosphäre eines Boudoirs in die Atmosphäre eines Lagers abrutschen, würde er den leider allzu wahren Alptraum des Sprechzimmers eines Doktor Mengele darstellen. Die Phönixnatur der Heldin ist eine notwendige Unmöglichkeit, denn es geht um die psychische Wirkung der ihr zugefügten Qualen und nicht um deren physiologische Folgen, die das subtile psychologische Spiel stören würden. Die Autorin möchte nämlich auf das Ästhetische durchaus nicht verzichten – im Gegenteil: der ästhetische Kanon soll so umfassend sein, daß die Fornikationen samt ihrem geistigen Beiwerk vorgeführt werden wie Juwelen auf Samt. Es geht also auch um eine kompositorische Absicht, denn der Abstand zwischen den Poetiken – der lyrischen und der sodomistischen – bereichert das Werk um kontrastierende Töne. De Sade war auf andere, unabsichtliche und außerästhetische Weise inkonsequent; seine skatologische Erzählung, die in eine sachlich dürre Aufzählung ausartet, wer, wie, auf welchem Weg, mit wem und wie oft, unterbrechen gelehrte Orationen keuchender Koprophagen, die theoretisch begründen, was sie gemacht haben und gleich noch einmal machen werden ohne Rücksicht auf die situative Wahrscheinlichkeit und die ungewollt komische Wirkung rhetorischer Schaustellungen über einer Kloake. Das Ästhetische erfüllt bei de Sade die Funktion einer Zutat, das Schöne kommt deshalb vor, damit das Verbrechen sich gebührend geehrt fühlt, das Ästhetische ist – wie alle übrigen Accessoires der Orgie – dazu da, in Stücke gerissen zu werden, und außerdem war de Sade talentlos und verdankte seine Ausdruckskraft weniger der künstlerischen Gestaltung als vielmehr der wütenden Raserei der Perversion. Gerade das macht die *Geschichte der O* noch anstößiger. Sie ist allerdings eine Ausnahme von der Regel, denn die Kuppelei zur Promiskuität von traditionell unbefleckten Poetiken vermittelt gewöhnlich anstelle eines Wertsurrogats einen Schock.

IV

Was sind konstruktive Inkonsequenzen der Literatur? Es sind Werte, die zugunsten anderer Werte geopfert werden. Da eine vergleichende Axiometrie nur ein Hirngespinst von einigen Fanatikern des erkenntnistheoretischen Optimismus ist, läßt sich nicht messen, ob derartige Opferhandlungen sich lohnen. Wie wir gesehen haben, sind die schöpferisch fruchtbarsten Inkonsequenzen darauf gerichtet, eine Welt zu schaffen. Zugleich sind jedoch kaum theoretische Arbeiten zu finden, die sich mit ihren funktionalen Besonderheiten befassen, und zwar, wie ich glaube, deshalb, weil die Literaturwissenschaft gegenwärtig dem Zauber der exakten Wissenschaften erlegen ist, denen sie in ihrer Präzision der Forschung und ihrem programmatisch wertfreien leitenden Paradigma nicht nachstehen möchte. Außer Worten der Verdammung und des Entsetzens ist von den naturwissenschaftlichen Disziplinen zum Thema der Antinomien und Widersprüche nichts zu erwarten. Deshalb wird ihr künstlerisch fruchtbarer Abgrund ebenfalls von den Literaturwissenschaftlern gemieden. Ihn zu ergründen, reichten diese paar Seiten nicht aus; ich möchte sie vielmehr verstanden wissen als Herausforderung zu Expeditionen, die ordentlicher organisiert sind als die meine.

Bekenntnisse eines Antisemioten

I

Allem Anschein zum Trotz gibt es so etwas wie ein Geheimnis der Beziehung »Zeichen – Bedeutung«. Und zwar aus mindestens zwei Gründen. Erstens, weil man alles, was man über Zeichen erfahren kann, eben nur durch Zeichen erfahren kann: über die Sprache sprechen wir mit Hilfe der Sprache, mit Hilfe der Sprache untersuchen wir die Sprache. Es geht nicht allein darum, daß sie dabei als ein Spiegel fungieren muß, der, einen Spiegel reflektierend, uns das Wesen der »Spiegelhaftigkeit« enthüllen soll, sondern darum, daß die derart bewerkstelligte Beziehung der »Selbstwiderspiegelung« oder vielmehr Selbstbezüglichkeit (self-reflexivity) Hindernisse in sich birgt, die den Logikern wohl bekannt sind. Dabei taucht nämlich die Gefahr von antinomischen Pardoxien auf.

Es wäre halb so schlimm, wenn wir die Gewißheit hätten, daß die Sprache die Selbstbezüglichkeit ebenso automatisch und praktisch sicher überwindet, wie das der nicht-ethnische Code der Vererbung tut. Dieser Code arbeitet ebenfalls an der Grenze drohender Antinomie und des unendlichen Regresses: eigentlich müßte nämlich ein Gen, das die Herstellung eines Ferments regelt, das die Wirkung sämtlicher Fermente blockiert – und solche Fermente gibt es –, auch sich selbst blockieren. Zunächst scheint es, als müßte der Code an dieser Stelle Symptome eines Zusammenbruchs der Logik zeigen, wie sie bei der Antinomie des Lügners auftreten (»Ich erkläre, daß ich jetzt lüge«). Doch der genetische Code wird mit der Selbstbezüglichkeit sehr einfach fertig – er löst dann nämlich eine alternierende Oszillation aus, die aus einem Semizyklus des Blockierens und des Entblockierens besteht und deren Pendant in der ethnischen Sprache die unablässig paarweise aneinandergereihte Wiederholung wäre: »Wenn ich erkläre, daß ich jetzt lüge, dann bedeutet das, daß ich die Wahrheit sage; wenn ich die Wahrheit sage, indem ich erkläre, daß ich lüge, dann lüge ich gerade« – und in dieser Weise endlos weiter.

Eine selbstbezügliche Aussage ist ein Zirkel, der den Logiker unglücklich macht, dem Biologen aber nichts ausmacht; freilich ahnen wir schon, daß der oszillatorisch-zirkuläre Charakter der Prozesse – im Grunde nahezu aller Prozesse! –, aus denen die stabilisierende Dynamik der lebenden Zelle besteht, sich gerade aus der Überwindung jener Antinomie herleitet, und zwar einer Überwindung, in der die deutsche Maxime, »aus einer Not eine Tugend zu machen«, zum Ausdruck kommt. Was sich nicht als ein vollkommen ausgeglichener Prozeß ohne jegliche Schwingungsamplitude realisieren ließ, wählt sich eben diese Schwingungsamplitude zur Grundlage! Denn die Evolution, Urheberin des Lebens, ist eine extreme Pragmatistin, doch uns als Denker geniert gewöhnlich ein solcher Pragmatismus und wir lehnen ihn ab.

Unser Argwohn ist im übrigen begründet: Wenn nämlich die Sprache, die die Welt für uns segmentiert und bezeichnet, parteiisch ist – wie eine Hausfrau, die sich beim Teilen des Bratens an der familiären Hierarchie und nicht an der Anatomie des gebratenen Tieres ausrichtet –, dann ist es wohl unwahrscheinlich, daß diese Parteilichkeit sich feststellen ließe, indem man ihr anhand der Sprache nachginge, denn das hieße, daß ein Zigeuner für seine Kinder Zeugnis ablegt. Wir betrachten ja die sprachlichen Präparate durch sprachliche Gläser; statt dessen wäre es geboten, die Sprache von einem Code her zu betrachten, der ihr in jeder Hinsicht ähnlich ist, ohne aber – wie die Sprache – eine rein menschliche Erfindung zu sein. Es gibt einen solchen Code – eben den der Vererbung, und vielleicht wird er uns eines Tages helfen, das Rätsel zu lösen. Auf jeden Fall ist die eventuelle Parteilichkeit der Sprache, ihr »bias«, ihre Voreingenommenheit, ein Teil jenes Geheimnisses der Sprache, dessen man sich nicht durch die apodiktische Erklärung entledigen kann, es sei nicht vorhanden, wie es zuweilen die Logiker tun. Das andere, möglicherweise gefährlichere Hindernis besteht darin, daß das Zeichen allem Anschein zum Trotz außerhalb des Systems der Zeichen kein »eigentliches« Zeichen ist. Die

Zeichen bezeichnen nicht nur eine designative Beziehung, die darin besteht, daß das Zeichen auf sein Designat hinweist und es bestimmt, also in seiner ostensiven Definition. Und sie bezeichnen auch nicht nur die zu jener hinzutretende kontextuelle, denotative Beziehung. Das läßt sich nachweisen, denn wenn sich das »Wesen der Zeichenhaftigkeit« im Denotieren und Designieren erschöpfen würde, dann besäßen wir schon längst hervorragende Algorithmen der maschinellen Übersetzung, und die Kybernetik hätte sich mit ihrem Projekt einer maschinellen Übersetzung nicht jene Schlappen zugezogen, die alle Hoffnungen, welche man vor zwanzig Jahren nährte, zunichte machten.*

Die Denotations- und Designationsfunktion der Zeichen vollzieht sich unter dem Patronat von Wesenheiten, die noch unfaßbarer und rätselhafter sind – der *Begriffe*. Der eigentliche Kern der Meinungsverschiedenheiten aller nur existierenden semiotischen, semantischen und semasiologischen Theorien reduziert sich auf eine unterschiedliche Rolle des Begriffes »Begriff« und auf die Interpretation der Beziehungen, in denen dieses geheimnisvolle Wesen zu den übrigen Funktionen einer sinnvollen Kommunikation steht. Was war eigentlich zuerst da: der Begriff oder der Name? Das Zeichen oder der Sinn des Zeichens? Es ist zu befürchten, daß hier nichts »zuerst« da war und daß jene Wesenheiten aus dem Chaos der Urwelt mehr oder weniger in der gleichen Weise

* Es ist verblüffend, wie hartnäckig sich bezüglich dieser Frage Falschmeldungen wiederholen. In *Les ordinateurs – mythes et réalités* (Paris 1968) erklären J. M. Font und J. C. Quiniou, in der UdSSR habe eine Maschine einen »gewissen« Roman von Dickens aus dem Original ins Russische übertragen, und die Übertragung sei, verglichen mit der durch einen professionellen literarischen Übersetzer, »völlig annehmbar« gewesen! Das ist völlig unwahr. Sowjetische Quellen wissen nichts darüber, und eine solche Übersetzung existiert überhaupt nicht. Als einige Jahre zuvor J. Bar Hillel, eine Autorität auf diesem Gebiet, den *Report on the State of Machine Translation in the United States and Great Britain* verfaßte und darin erklärte, daß »man mit einer automatischen, maschinellen Übersetzung in der allernächsten Zeit nicht rechnen dürfe«, dachte er ausschließlich an Übertragungen von wissenschaftlichen Texten. Selbst enthusiastische Anhänger des Übersetzungsprojekts wie A. Oettinger, W. Locke und A. D. Booth rechneten nicht so bald mit angemessenen Übertragungen künstlerischer Werke. Somit ist die Behauptung der französischen Autoren, die leider für eine gewisse Art von »Popularisierung der Wissenschaft« recht typisch ist, eine gewöhnliche Fälschung, die entweder auf Ignoranz oder auf bösem Willen beruht. Bislang hat die Automatisierung des Übersetzens nur geringe Erfolge zu verzeichnen, die jedoch durch solche, das Laienpublikum irreführende Äußerungen sicher nicht gefördert werden.

hervortraten, wie der Baron von Münchhausen sich selbst an den Haaren aus dem Sumpf zog. Es ist zu befürchten, daß das Bezeichnende von Anfang an mit dem Bezeichneten in demiurgischer Umklammerung verflochten war und daß synchronische Sektionen diese Ursprünge weder zu erklären noch an sie heranzukommen vermögen.

II

Zwischen dem uneingeschränkten Vertrauen auf die »Automatik« und die »materialisierte«, »kristallisierte« Weisheit, welche die Sprache für uns darstellt, und dem völligen Mangel an einem solchen Vertrauen erstreckt sich das Gebiet der interpretatorischen Unsicherheit.

Der Phänomenologe glaubt inbrünstig an die Sprache, er vertraut ihr dermaßen, daß er mit möglichen Entdeckungen zu unserem Thema – abgesehen von Sprachoperationen, die das denkende und reflektierende Individuum vornimmt – nicht rechnet. Der Linguist mathematischer, behavioristischer und statistischer Ausrichtung traut dagegen der »von innen« untersuchten Sprache am allerwenigsten; er möchte mit ihr so umgehen wie der Physiker mit Molekülen, Tischen oder Steinen und lediglich das zur Kenntnis nehmen, was sich »von außen« beobachten läßt, und sich blind dafür stellen, was die Sprache »in uns« ist und wie sie »in uns« verstanden wird. Außerdem gibt es noch »Zentristen«, die gern die beiden Standpunkte miteinander verbinden oder aus ihnen die für eine kompromißhafte Synthese hinreichenden Elemente auswählen. Zu ihnen gehört – denn in dieser Frage kann man ihn so klassifizieren – der berühmte Noam Chomsky. Wie weit gehen nun derartige Zweifel den humanistischen Literaturwissenschaftler an? Sie betreffen ihn, wie ich meine, in nicht geringem Maße. Die Auseinandersetzung mit dem Zeichencharakter von Texten soll uns ein höheres, wissenschaftliches Bewußtsein verschaffen, durch das die Werke objektiviert werden. Es ist angenehm und schicklich, wenn man ein Uhrmacher bleibt, der die Coupage und Decoupage eines jeden Werkes ausführen kann. Nur fragt den Uhrmacher nicht danach, was die Zeit ist, die von all seinen Uhren gemessen wird, denn er weiß keine bessere Antwort als der heilige Augustin, der sagte, er wisse, was die Zeit ist, solange man ihn nicht nach einer Definition frage!

An Uhrmeistern der Sprache mangelt es nicht; man muß nur wissen, daß all ihre Äußerungen in hohem Maße vorläufig sind. Es gibt einstweilen keine Kriterien zur Entscheidung von Streitigkeiten zwischen den Spezialisten, wenn es zu ihnen kommt, wenn die Schüler solcher Meister wie Frege, Wittgenstein und Russell einander innerhalb der theoretischen Linguistik gegenüberstehen, aber einander nicht argumentativ überzeugen können. Möglicherweise ist es sogar so, daß die definitive Feststellung sämtlicher zwischen dem »Begriff«, dem »Denotat« und dem »Designat« und den Zeichen bestehenden Beziehungen nur einen Bruchteil eines weitaus größeren Problems darstellt. Es würde auf die Feststellung hinauslaufen, daß die Sprache stets ein System ist und das sichtbare Zeichen sprachlich etwas bedeutet, weil virtuell all die Zusammenhänge und Zeichen mit ihm koexistieren, die am Auftreten des Zeichens scheinbar gar nicht beteiligt sind, weil sie nicht unmittelbar feststellbar sind.

Das Zeichen wäre demnach so etwas wie der Punkt, in dem der Kreis sich mit einer Geraden berührt: hier zumindest erfassen wir unschwer die schlichte Wahrheit, daß der Berührungspunkt des Kreises nicht nur deshalb Berührungspunkt ist, weil er sich mit einem Punkt der Geraden deckt, sondern auch deshalb, weil er der Kreislinie als einer geschlossenen Kurve angehört; gehörte er nicht zu ihr, dann könnte von einer Berührung nicht die Rede sein. In diesem Bild spielt die Sprache als ein System, das durch das Zeichen irgend etwas bezeichnet, die Rolle der sichtbaren Kreislinie; der Unterschied ist nur, daß wir den »Rest« des Systems, da er unsichtbar, ja geradezu unerfahrbar ist, nicht abzugrenzen und damit auch nicht ordentlich zu bestimmen vermögen.

Der Kreis ist unzweifelhaft ein gegebenes, fertiges und geschlossenes System; die Sprache ist unzweifelhaft nicht ein solches System; sie wird konstituiert durch eine Virtualität, eine Potentialität, die sicherlich begrenzt ist (schließlich bestätigt jede inkorrekte Artikulation das Bestehen von

Grenzen, die nicht überschritten werden dürfen), zugleich aber auch unendlich. Die Königin der empirischen Wissenschaften, die Physik, kennt bereits die gleichen Schwierigkeiten, weil die Virtualität – z. B. der Elementarteilchen – heute eine für ihre (Quanten- und Atom-) Theorien unverzichtbare Kategorie ist. Wie aber können virtuelle Teilchen, die es ja »nicht gibt« (da ihr Vorhandensein ja nur eine Möglichkeit ist), das Verhalten realer Teilchen determinieren? Tatsächlich ist es so, daß der Physiker ungefähr weiß, warum er diese Kategorie einführen mußte, daß er aber über die »Existenzweise« jener Potentialitäten schweigt. Die Linguistik wehrt sich noch gegen reine Virtualitäten. Wie ich glaube, vergeblich.

III

Es muß, wenn wir als Humanisten zu Humanisten sprechen, besonders darauf hingewiesen werden, daß es etwas anderes ist, wenn Fachlinguisten wie etwa der berühmte Jehoshua Bar Hillel von der Sprache, dem Instrument, Subjekt und Objekt der Literatur, sprechen, und wenn wir von der Sprache sprechen.

Wenn ein Mensch, der sich berufsmäßig als Schriftsteller (und nicht nur als Sprachforscher) mit der Sprache befaßt, außer seiner Muttersprache andere Sprachen beherrscht, so ist er überzeugt, daß diese einander nicht äquivalent sind, daß sie bei der Bewältigung verschiedener, typisch literarischer Probleme nicht dasselbe leisten. Diese Tatsache äußert sich in der banalen Feststellung, daß etwas (etwa die Lösung eines künstlerischen Problems auf linguistischer Ebene), das in der einen Sprache sehr leicht fällt, in einer anderen entweder schwierig oder überhaupt unlösbar ist. Bei dieser Differenzierung geht es nicht etwa um phonetische Unterschiede, um die klangliche »Schönheit« der einen und die »Rauhheit« anderer Sprachen, denn eine Begrenzung auf diesen Aspekt wäre trivial.

Während bei allen Sprachen die statistische Redundanz nahezu identisch ist, ist die an der Länge von Äußerungen gleicher Bedeutung gemessene Redundanz durchaus unterschiedlich. In der ersteren äußert sich die Tatsache, daß jede Sprache ein sich selbst korrigierender Code sein muß, der über eine gewisse Redundanz verfügt, um erfolgreich durch den immer von Störungen erfüllten (akustischen, optischen) Kanal zu gelangen. Aufgrund einer nahezu identischen Charakteristik jener Störungen in verschiedenen irdischen Milieus haben sich alle Sprachen redundant organisiert. In der letzteren äußert sich die Tatsache, daß die Sprachen in der Bündigkeit und der Präzision, mit der sie den Sinn auf verschiedenen Ebenen der Aussage festlegen, nicht identisch sind. Was sich auf Polnisch mit einem Wort sagen läßt, verlangt im Deutschen oder Französischen einen Satz – und umgekehrt! (»Glodnyś?« [»hungrig« plus Personalendung der 2. Person Einzahl; d. Ü.] – in diesem Wort ist ein ganzer Satz komprimiert [eben der deutsche Satz »Bist du hungrig?«; d. Ü.]).

Der Linguist Bar Hillel unterschätzt dieses Problem. Er verkündete, daß die unterschiedliche Länge von Texten gleicher Bedeutung in verschiedenen Sprachen ausschließlich für den Drucker ein Problem sei. Bestimmt nicht nur für ihn, denn wer das Verhältnis der Länge von Sätzen zu ihrem Sinngehalt nicht berücksichtigt, kann kein Schriftsteller sein. Es geht hier nicht nur um »das Ästhetische« einer Äußerung. Es geht vielmehr darum, daß innerhalb eines Werkes Situationen vorkommen, in denen man etwas entweder absolut knapp ausdrücken muß oder auf die Aussage verzichten, weil es etwas Drittes nicht gibt. Die Bündigkeit ist dann kein Prüfstein sprachlicher Schönheit, sondern eine durch Kontext und Aufbau festgelegte Aufgabe.

Das Problem läßt sich mit Hilfe des folgenden Vergleichs beschreiben. Es gibt Computer, die mit der realen Zeit arbeiten, und solche, die unabhängig von dieser Zeit arbeiten. Ein Computer der letzteren Art löst beispielsweise eine mathematische Aufgabe; die Qualität der Lösung hängt nicht davon ab, ob er mit ihr innerhalb einer Sekunde oder in zehn Minuten fertig wird. Ein Realzeit-Computer muß »Schritt für Schritt« mit dem realen (physischen) Prozeß arbeiten, den er kontrolliert oder steuert (so muß ein Computer, der eine

Rakete ins Ziel führt, in der realen Zeit arbeiten, also mit dem Tempo des bearbeiteten Prozesses – hier des Fluges – Schritt halten). Auf ähnliche Situationen stoßen wir beim literarischen Text. Es gibt Texte, die mit der konventionellen Zeit operieren, welche mit dem Ablauftempo der realen Ereignisse nicht zusammenhängt, und es gibt Texte, die mit dem, was sie beschreiben, synchronisiert sein müssen. Ist die Synchronisation vollkommen, so entsteht ein Effekt von sogenannter »semantischer Transparenz« der Sprache. Bleibt jedoch eine Beschreibung aufgrund ihrer Weitschweifigkeit deutlich hinter den Ereignissen zurück, stellt sie etwas, von dem wir wissen, daß es gleichzeitig und rasch erfolgen muß, nacheinander und gemächlich dar, dann geht der Simultaneffekt verloren, und es ist nun einmal so, daß eine Sprache mit der objektiven Handlung »Schritt hält«, eine andere dagegen nicht. Die erstere wirkt wie ein Realzeit-Computer, die letztere wie ein Computer, der außerhalb dieser Zeit arbeitet. Die erstere wird zu einem Simulator der Ereignisse, die letztere nur zu einem Protokollanten. Das sind nicht bloß ästhetische Unterschiede. Es ist deshalb merkwürdig, daß sie den Linguisten gleichgültig lassen.

Dieses Problem führt zu dem folgenden: Kann die Welt des literarischen Werkes dank der Herstellung von vollkommenen Übersetzungen gegenständlich völlig invariant sein?

Diese Frage impliziert die folgende Alternative: Entweder ist das Werk eine spachliche Vermittlung zwischen dem Rezipienten und einer bestimmten objektiven, nicht bezeichneten Realität, oder seine sogenannte objektive Realität besteht in einem jener nachgeordneten Zeichensysteme, das interpretiert werden muß, weil das bloße Konstatieren von Ereignissen oder Prozessen nicht hinreichend ist.

Das ist eine verfängliche und für den Logiker ebenso unangenehme Frage wie die berühmte Frage, ob der gegenwärtige König von Frankreich kahlköpfig sei. Der König ist nur deshalb nicht kahlköpfig, weil es ihn nicht gibt, nicht aber, weil er einfach nicht kahlköpfig gewesen wäre; um den logischen Status dieses Satzes entbrannte ein schrecklicher Streit, der sich bis heute nicht gelegt hat. Es geht darum, daß nach Ansicht des Logikers der Satz »selber« darüber entscheiden soll, was er bedeutet, daß aber, wenn es nur eine Bedeutung geben soll, die Dichotomie von wahr oder falsch eindeutig sein muß. Doch die Sprache leistet diese Entscheidung nicht immer; mit der Behaarung des französischen Königs hat der Logiker deshalb so außergewöhnliche Schwierigkeiten, weil die über den einzelnen Satz hinausreichenden Zusammenhänge gewöhnlich sehr vage bezeichnet sind, also nur mehrere Sätze (eine Konjunktion von Sätzen) erkennen lassen, worauf sie sich sinnvollerweise beziehen. Die Logiker und Linguisten machen sich das Leben leichter, indem sie sich auf isolierte Sätze beschränken; den Kunst- und Literaturwissenschaftlern ist das einfach nicht möglich.

Ich führe ein Beispiel an, das diese Behauptung belegt (ich verdanke es Andrzej Wajda). Ein Film, den man einem Publikum vorführte, welchem der Fortfall erotischer Zensurschranken nichts Neues war, zeigte ein nacktes Liebespaar im Bett (es geht also um Bilder, die aber ebensogut durch eine sprachliche Beschreibung ersetzt werden könnten). Die Kamera zeigte die Körper unter Auslassung des Genitalbereichs, worin sich die bis zum Fortfall der Zensurschranken allgemein übliche Konvention äußerte. Das Publikum reagierte auf diese Fortlassung mit *Lachen*, weil es sie als doppelt drastisch empfand; das *nicht Gezeigte*, die *Lücke* im Zeigen (beziehungsweise Beschreiben), wurde als ein eigenes *Zeichen* aufgefaßt, als eine raffinierte, absichtliche Obszönität, nicht aber als Ausdruck des gewöhnlichen *Verschweigens*. Die Zuschauer faßten die Sittlichkeitszensur unsittlich auf, weil das Verbergen in ihren Augen zu einem Exponieren wurde. An das Vorführen von Genitalien waren sie schon gewöhnt, und allein das Nichtvorführen der Fortpflanzungswerkzeuge innerhalb dieser Bildfolge konnte sie schockieren.

Die Rezipienten verfügten somit über ein verändertes Zeichenrepertoire, was der Absender aber übersehen hatte. Eine solche Situation kann es für den Logiker nicht geben, weil das Fehlen eines Satzes für ihn völlige Leere bedeutet, d. h. die Nichtexistenz von irgend etwas, was als Zeichen interpretiert werden könnte. Das Fehlen eines Satzes kann für den Logiker nicht ein Satz sein, dessen Sinn gerade durch die Tatsache bestimmt wird, daß er nicht geäußert wird. Dies bestätigt nur, daß es auf die eingangs gestellte Frage keine eindeutige Antwort gibt, denn die objektive Bedeutung einer Äußerung kann man ebensogut in der Verhaltensreaktion der Rezipienten sehen, die sich aus der Sache und aus weiteren Vorgängen ergibt, wie auch in einer weiteren Folge von nicht mehr nur sprachlichen Zeichen. Die semantische Bewertung der Sache und der Vorgänge hängt nun aber von der örtlich verschiedenen kulturellen Einübung der Rezipienten ab.

Die grundlegenden Zeichensysteme – die sprachlichen Äußerungen – sind in allen Kulturen gleicherweise Bedeutungsträger, doch was diese Äußerungen benennen, kann in verschiedenen Kulturen Unterschiedliches bedeuten. Es ist prinzipiell unmöglich, eine Aussage derart abzusichern, daß die Rezipienten völlig daran gehindert wären, sie zu interpretieren, indem man sie auf ein objektives Minimum beschränkt, also auf die Feststellung dessen, was »man sieht« oder was »passiert«. In diesem Sinne ist ein literarischer Text designativ und denotativ »offen«, und es ist nicht möglich, ihn hermetisch »abzuschließen«. In einem solchen Text können denn auch jegliche Objekte und Vorgänge – Landschaften, Winde, Tier- und Menschenleiber, Sand, Steine, Sterne, Schränke, Gefühle und ebenso die Hauptkategorien der Wahrnehmung: der Raum und die Zeit – Bedeutung tragen, d. h. Zeichenfunktion erlangen. Verschiedene Texte erschließen sich allerdings in unterschiedlicher Weise der metasprachlichen, semiotischen Aktivität. Und in unterschiedlicher Weise erschließen sich einer solchen Aktivität die verschiedensprachlichen Übertragungen eines bestimmten Originaltextes. Das deshalb, weil der Anteil des grundlegenden Niveaus, also der linguistische Anteil, bei der polyphonen »Wiedergabe« eines Werkes – bei verschiedenen Texten und in verschiedenen Sprachen – eine unterschiedliche Rolle spielt. Nimmt in der Übersetzung der Anteil des linguistischen Konstituens eines Werkes ab, dann tritt dessen sprachliche Seite in den Hintergrund, und schon dadurch drängt sich die gegenständliche Realität in den Vordergrund (denn in der Rezeption von Zeichen herrscht ein horror vacui – der

Rezipient füllt eine mutmaßliche Leere durch einen »semantischen Reflex« aus). Wenn die sprachliche Ebene deutlicher hervortritt, kann die gegenständliche Souveränität des Werkes zurücktreten.

Daß die kongeniale Übersetzung nicht eine Klasse mit nur einem Element sein kann (es sind Übersetzungen möglich, die sowohl vorzüglich als auch von einer schon vorhandenen, vortrefflichen Übersetzung verschieden sind), liegt an dem zuvor genannten Sachverhalt. Hier betritt der für die Theorie schreckliche Begriff der Unendlichkeit die Szene, denn es ist nicht möglich, die Zahl kongenialer und dennoch verschiedener Übersetzungen zu begrenzen. Prinzipiell kann es ihrer beliebig viele geben. Was bedeutet es, daß ein vortreffliches Werk in der Originalsprache nicht dermaßen veraltet wie seine Übersetzung, eine Tatsache, die es notwendig macht, die fremdsprachlichen Versionen von Zeit zu Zeit durch eine Neuübertragung aufzufrischen? Ein erster Vorschlag zur Aufhellung dieses Geheimnisses wäre der: das geniale Werk steht – nach dem historisch fixierten Urteil der Rezipienten – in einem Zusammenhang mit der gesamten (oder nahezu der gesamten) Kultur, die hinter dem Werk steht. Die Übersetzung ist eine durch die fremde Sprache vollzogene Projektion auf einen anderen kulturellen Zusammenhang, eine stets unvollständige Projektion, denn sie mobilisiert resonanzartig nur jenen Bereich von Bedeutungen, innerhalb dessen das Kulturrepertoire zweier Nationen übereinstimmt. Die Rezipienten des Originals empfinden kein Bedürfnis nach einer Änderung, weil das Original einen bereits unvergänglichen Bestandteil ihres eigenen Kulturbesitzes darstellt. Die Lesarten des Textes mögen sich ändern, aber der Text als solcher steht für sie unter dem Schutz der Unantastbarkeit. Die Rezipienten der Übersetzung werden sich, da die historischen Bahnen ihrer eigenen Kultur und derjenigen, aus der das Original erwuchs, sich nicht decken, in der Feststellung von Verschiebungen zwischen den Bedeutungsrepertoires und Verweisungszusammenhängen der Notwendigkeit einer neuen Projektion bewußt, welche die eingetretenen Veränderungen berücksichtigt. Doch an dieses Problem hat sich noch niemand mit wirklich scharfen Instrumenten herangewagt.

IV

Ich spreche diese Zweifel aus und unterstreiche, daß es schwer zu begreifende Erscheinungen gibt, damit es nicht so aussieht, als wüßten die Linguisten bereits alles über die Sprache und die Semiotiker alles über die Zeichen und als bliebe uns nur noch, ihnen in demütigem Respekt zu lauschen.

In diesem Zusammenhang erscheint mir die Feststellung bedeutsam, daß die Ziele, die sich der Schriftsteller setzt, im Widerspruch stehen können zu der von der sprachlichen Äußerung normalerweise erfüllten Funktion einer Optimierung des Bezeichnens. Gewiß ist die Sprache uneindeutig, doch hat bei jeder Sprache das Intervall einer solchen Uneindeutigkeit seine klaren Grenzen, denn eine Sprache, die im Bezeichnen (im Desginieren wie im Denotieren) allzu vage wird, büßt ihre Fähigkeit ein, der Kommunikation zu dienen. Nun zielt die Anstrengung des Schriftstellers, der sich bemüht, die sprachliche Ebene der Äußerung in den Vordergrund zu stellen oder gar zur Hauptsache zu machen, häufig genau darauf ab, die kommunikative Leistung der Sprache bewußt herabzusetzen, weil durch eine erhöhte Unbestimmtheit der Aussage die Menge ihrer potentiellen Sinnbezüge vergrößert wird.

Man benutzt zu diesem Zweck verschiedene Taktiken, angefangen von den allereinfachsten, die den Poeten seit jeher bekannt sind. Sie bestehen etwa darin, daß die Satzzeichen fortgelassen werden und der Text in einer Weise, die zu der diskursiven Ebene des prima facie erscheinenden semantischen Gehalts in Widerspruch steht, in Verse zerlegt wird, um so zu erreichen, daß die sogenannte Ebene der tieferen Bedeutungszusammenhänge, also die semantische Tiefe deutlicher hervortritt – jene Ebene, auf der Ausdrücke dann mit anderen Ausdrücken in weitreichende Beziehungen treten, wenn die nähere, vertraute Umgebung gewohnter Nachbarschaften von Sätzen und Worten verdunkelt wird. Ein perfideres Manöver ist die Einführung von Neologismen, Wörtern, die es in der Sprache nicht gibt, denen aber die jedem Sprecher implizit bekannten paradigmatischen Regeln der Wortschöpfung und die durch die gesamte Aussage oder den gesamten Kontext evozierte Situation einen Sinn verleihen. Solche Wörter erfüllen zumeist eine expressive Funktion, sie erhöhen also den Informationsgehalt eines Textes im Verhältnis zur Anzahl der Ausdrücke, doch kann diese Taktik auch in einem gleichsam umgekehrten Sinne genutzt werden: sie kann nämlich darauf zielen, die Unbestimmtheit im modalen Bereich zu erhöhen. Der Leser soll in diesem Fall daran gehindert werden, eine Aussage automatisch und spontan klassifikatorisch zuzuordnen und in die bekannte, relativ geschlossene Welt der Diskurse einzuführen. Eine Aussage, die sich nirgendwo »einpassen« mag, gewinnt nämlich eine merkwürdige Souveränität: sie scheint keine der »möglichen dinghaften Welten« zu beschreiben und keiner dieser Welten zu entstammen, sondern bildet ihr eigenes Universum, eine durch das Wort nicht bloß evozierte, sondern eine »durch das Wort erschaffene Welt«. Wenn also ein Text nebeneinander Determinanten enthält, welche die Klassifikationsautomatik des Rezipienten gleichzeitig in verschiedene und einander widersprechende Richtungen lenken, bleibt der Text – weil er nicht zuzuordnen ist – in einem seltsamen Schwebezustand der – durch die Widersprüchlichkeit erreichten Autonomie.

Mit der Konstruktion solcher und ähnlicher Aussagen soll bewußt eine Antinomie erzeugt werden. Eine bestimmte Art von lexikalischen und stilistischen Determinanten läßt dann die Aussage zu einer Seite neigen, etwa zu der Menge der »altertümlichen« Sätze, indem der Eindruck erweckt wird, als entstamme sie einer fernen Vergangenheit. Andere Determinanten lassen die Aussage in eine fiktive »Zukunft« enteilen, die durch ad hoc erfundene Begriffe vorgetäuscht wird, welche mit Neologismen die Existenz von Zuständen suggerieren, die es nicht gibt, die aber dereinst entstehen könnten. Wiederum andere Determinanten zielen »seitwärts«, lassen sich also überhaupt nicht einer diachronisch segmentierten Klassifikation unterwerfen, weil man innerhalb der chronologischen Ordnung nichts mit ihnen anzufangen weiß. Der Satz, durch widersprüchliche Entscheidungen des semantischen Rezeptors gewissermaßen gleichzeitig in verschiedene

Richtungen gezerrt, »schwebt« in einem Zustand lokalisatorischer Unbestimmtheit. Dieser Effekt kann seinerseits entweder mit der zentralen Bedeutung des Satzes zusammenspielen (wodurch die Autonomie, die Eigenständigkeit der »sprachlich geschaffenen Welt« wächst) oder sich dieser Bedeutung entgegenstellen, weil die Sprache den Eindruck von Spott oder Bosheit weckt (und zwar dann, wenn das sprachliche »Universum« nicht allein durch die Widersprüche der Determinanten ins Leben gerufen wurde, sondern außerdem selbst aus Widersprüchlichkeiten beseteht, sich durch sie selbst negiert und selbst widerspricht). Im letzteren Fall erweist es sich als schwierig, die Schärfe der Bosheit, der Ironie und des Spotts auch nur in irgendeine außersprachliche Richtung zu lenken. Die Modalität des Textes bleibt in dieser Situation gewissermaßen in sich verschlossen, so daß die emotionale Ladung – beispielsweise des Spotts – keinen designativen Auslauf bekommt, sondern den Text durchtränkt und in ihm »steckt«. Ich möchte vorschlagen, etwa die Texte Kafkas auf solche Mechanismen hin zu untersuchen, denn sie schillern bekanntlich von affektiven »Obertönen«; sie werden nicht durchgängig als düster, in deprimierendem Ringen versunken gedeutet; sie können sogar Fröhlichkeit hervorrufen, wie sie Fragmente des *Schlosses* bei den ersten Hörern hervorriefen.

V

Wir sprechen davon, weil das Situationen sind, die man in der schönen Literatur recht häufig antrifft und in denen zugleich der Urheber und derjenige, der dessen Texte untersucht, ganz und gar allein sind. Denn es kann keine Rede davon sein, daß solche »obertonalen« Beziehungen, die im Bereich der semantischen Probleme voller Antinomien stecken, von den Linguisten oder den Logikern untersucht würden. Fürchten sie sich doch vor dem Widerspruch stärker als der Teufel vor dem Weihwasser! Noch haben sie sich nicht so weit vorgewagt, und folglich brauchen die Literaten und die Literaturwissenschaftler in diesem großen Gebiet auch nicht auf die

Linguisten zu hören, noch können sie gar Hilfe von ihnen erwarten. Es ist ja bekannt, daß der literarische Wert (und zugleich der Modus, in dem die belletristische Aussage Bedeutungen festlegt) oft durch lexikalische, syntaktische und stilistische Merkmale determiniert sind, die zwar der Sprachtheorie im engeren Sinne als unfaßbare Wesenheiten gelten und von der Logik mit Acht und Bann belegt sind, gleichzeitig aber für jeden Dichter, Schriftsteller und Kritiker solide Tatsachen von erstrangiger Bedeutung darstellen.

Dort, wo der Widerspruch herrscht oder auch nur eine Spur davon, sind wir somit alleingelassen. Diese Situation ist sowohl bequem, weil man vor keiner Autorität Demut beweisen muß, als auch gefährlich, weil es nichts Schlimmeres gibt als das voreilige ad hoc-Theoretisieren dort, wo es an Kriterien der Wahrheit und der Pausibilität mangelt. Was sind denn Werkinterpretationen oftmals anderes, wenn nicht Theorien, die ad hoc zu dem Zweck und in der Weise aufgestellt werden, die semantiche »Ökologie« eines Werkes eindeutig und vollständig aufzuklären? Wenn der Autor allgemein bekannt ist und sein Werk im Bewußtsein der Kritik ein bündiges System darstellt, bildet auch jene »Ökologie« selbst ein kohärentes, kollektiv von der Kritik errichtetes System. Hat der Autor dagegen nicht einen solchen Rang erreicht, dann zerfallen die jeweiligen Kritiken seiner einzelnen Werke in gesonderte »Stücke«, die insgesamt keine Ordnung, keine Kohärenz aufzuweisen brauchen. Nicht selten entstehen um ein Werk herum einander widersprechende »Ökologien« (mit einem solchen embarras de richesse wurden beispielsweise die Werke von Sienkiewicz bedacht), die sich weder miteinander vereinbaren noch verknüpfen lassen.

Das Erscheinen von Kritiken, die ein Werk isoliert zu »erledigen« versuchen, ohne sich überhaupt auf dessen sonstige Besprechungen zu beziehen, belegt jedenfalls, daß der Status des Autors und seiner Produkte nicht definitiv geregelt ist, daß er sich im Fegefeuer jeweils ad hoc artikulierter Analysen und Urteile befindet. Während die einen aus dem Fegefeuer direkt in die Vergessenheit geraten, durchwandern es andere – eine verschwindende Minderheit –, um zu erleben, daß sich um ihre Werke die Hülle einer strukturell derart erstarrenden »Ökologie« bildet, daß anschließend niemand mehr von diesen Texten reden kann, wenn er sich nicht gleichzeitig deutlich auf das erstarrte Interpretationsgebäude bezieht. Wie kann man da nur der Ansicht sein, daß die in den Werken von Insassen des »Fegefeuers« enthaltenen »Zeichen« genau dasselbe seien wie die »Zeichen« von Autoren, deren Bücher bereits von der Kritik mit einer kollektiv errichteten, nobilitierenden Heimstatt bedacht wurden?

Es ist eine verbreitete Überzeugung, daß die Qualität von Sinn und Form eines Originalwerkes (in der oben skizzierten Weise) mit unvermeidlicher Verspätung erkannt wird. Das Neue ist etwas, das man zunächst kennenlernen muß, bevor man sich dafür begeistern kann. Das stimmt – wenn man hinzufügt, daß dies nicht allein für belletristische Aussagen gilt. Für sie besteht nicht die Alternative, daß der Text entweder verstanden oder nicht verstanden wird. Die Geschichte der Wissenschaft ist reich an Beispielen für große theoretische Entdeckungen, die nach ihrer Publikation zwar von den Fachleuten »verstanden« wurden, faktisch aber auf eine totale, Jahre und sogar Jahrzehnte währende Gleichgültigkeit stießen. So erging es Einsteins klassischer Arbeit *Zur Elektrodynamik bewegter Körper*, also seiner speziellen Relativitätstheorie; nicht anders erging es jenem Artikel L. Szilards, der viele Jahre vor Shannon Begriffe aus der Thermodynamik mit Begriffen des Informationsstandes verknüpfte, im Grunde also zwischen der Physik und einer (informationstheoretisch verstandenen) Logik die Brücke schlug. Zu ihrer Zeit hat sich niemand näher für diese sensationellen Mitteilungen interessiert.

Solche Fakten – und man könnte Dutzende davon zitieren – belegen, daß das »Verstehen eines Textes« (welcher Art auch immer) ein kontinuierlicher Prozeß ist. Er kann bei der jeweiligen Rezeption einen unterschiedlichen Stand erreicht haben, und es gibt für ihn eigentlich keine Grenze, so daß man über einen bestimmten Text sagen könnte, die durch ihn bezeichneten Bedeutungen seien bereits dokumentiert und definitiv ausgeschöpft. Denn weder wissenschaftliche Theorien noch literarische Werke haben eine dinghaft oder prozeßhaft direkt sichtbare »Welt« zur Grundlage. In Wirklichkeit bauen die Theorien auf Theorien und die Werke auf Werken auf. Das bedeutet, daß Theorien, die wir uns schon zu eigen gemacht haben, die in der Wissenschaft bereits Bürgerrecht besitzen, die geeichten Maßstäbe zur Untersuchung neuer Theorien sind. Für literarische Werke gilt dasselbe. Das bedeutet, daß die Theorie und das Werk, wenn sie nobilitiert, weil (von der Kultur oder der Wissenschaft) assimiliert sind, nicht mehr Gegenstand einer Untersuchung sind, die bei Null anfängt, und zu Bestandteilen jenes grundlegenden Bezugssystems werden, in dem – und anhand dessen – sowohl die Welt als auch neue Werke und Theorien über sie untersucht werden. Das bedeutet, daß die bereits untersuchten sprachlichen Schöpfungen von einer dem System »äußerlichen« Position zu einer »inneren« Position übergehen und zu seinem Bestandteil werden. Was vorher in die Zange genommen wurde, wird seinerseits zu einem konstitutiven Element der »Zange«. Diese Akkumulation läßt sich allerdings in der Wissenschaft weitaus deutlicher und leichter feststellen als in der Literatur, weil Theorien aus Theorien logisch hervorgehen (bzw. Theorien von Theorien logisch negiert werden), während sich die gleiche dichotomische Beurteilungsmaschine in der Literaturwissenschaft nicht anwenden läßt. Daher auch der Zweifel am kumulativen Charakter der Entwicklung der Kunst. Wir ahnen jedoch schon, daß Behauptungen über ihren nicht kumulativen Charakter weder total bestätigt noch total bestritten werden können: die Verhältnisse sind auf dieem Gebiet einfach verwickelter, da sie nicht unmittelbar logischen Urteilen zugänglich sind.

Dieser Sachverhalt ist den Erforschern des logischen, semantischen und linguistischen Bereichs darart unangenehm, daß sie ihm, um sich das Leben leichter zu machen, in ihrer Praxis so weit wie möglich ausweichen. Die Sprache wird deshalb auch in all ihren segmentierbaren Funktionen mehr oder weniger so behandelt wie einzelne Standbilder, die man aus einem Filmstreifen herausschneidet. Dadurch werden ihre dynamischen Aspekte geradezu systematisch verwischt.

Unter den vielen Schäden, welche diese Politik bewirkt, halte ich einen für außergewöhnlich fatal. Die von den genannten Spezialisten betriebenen Segmentationen und Klassifikationen zeigen nämlich eine Tendenz zur Hypostasierung. Gerade das wird durch die Tatsache belegt, daß mancher Leser empört hochfährt, wenn ich erkläre, daß die Sprache »tatsächlich« nicht ein zwischen den Funktionen des Designierens, Denotierens und Operierens mit Begriffen aufgespanntes Beziehungssystem sei. Dabei handelt es sich um bequeme Konstrukte, die dann entstehen, wenn man sprachliche Äußerungen in ein Prokrustesbett zwingt, um praktische Aufteilungen, die uns sukzessiv und separat zugänglich machen, was in Wirklichkeit kontinuierlich und simultan in der Sprache geschieht. Man muß sich leider der köstlichen Gewißheit entschlagen, daß die Kenntnis von Termini wie signifiant und signifié sowie einiger hundert anderer, darunter zuvörderst diverse »Strukturen«, den derart Bescheidwissenden in einen Zustand völliger Klarheit in sprachlichen Fragen befördert.

Man muß sich die Relativität der Auffassungen, den konventionalistischen Charakter der Klassifikationen gerade deshalb bewußt machen, weil das, was das Resultat einer Verabredung (Konvention) ist, die getroffen wird, um einen Aspekt des Phänomens zu untersuchen, nicht schon als Entdeckung einer Tatsache aufgefaßt werden darf. Ich will sagen: Wenn wir ein sprachliches Gebilde untersuchen, dringen wir in es ein, nehmen wir eine Perspektive ein, die durch unsere Interessen und unsere wissenschaftlichen Vorannahmen bestimmt ist. Von diesen kann sich aber niemand je völlig freimachen. Dem Forschungseifer muß hier also auch eine gewisse Skepsis assistieren – denn es gibt nichts Lächerlicheres als einen Neubekehrten, der katholischer ist als der Papst, oder den dilettantischen Linguisten, in den sich der Literaturwissenschaftler verwandelt, der für Gewißheiten sprachwissenschaftlicher Eingeweihtheit hält, was lediglich eine heuristische Idee und eine praxeologische Regel der Fachleute ist.

Es kann insofern auch keine heiligen und unantastbaren Ausgangsthesen bei der Forschung geben. Eine solche These ist ja die Vermutung de Saussures, daß ein Werk insgesamt dem Begriff der Sprache (la langue) entspreche. Das ist eine schaurige Unwahrheit, die allen späteren Feststellungen der Informatik und der Linguistik widerspricht, eine Unwahrheit, die aus Respekt vor dem Meister niemand beim Namen zu nennen wagt. Die potentiell unendliche Interpretierbarkeit eines Werkes ist eine Erscheinung völlig anderer Art. Sie beruht darauf, daß für den Satz (oder eine Konjunktion von Sätzen) eine Informationsmenge die quantitative Mächtigkeit des Repertoires von diskreten Zuständen festlegt, eines Repertoires, das wir benutzen, um den qualitativen und quantitativen Informationsgehalt zu bestimmen; es hängt aber doch von uns als Rezipienten ab, wie reich die Repertoires sind, mit denen wir bei der Lektüre operieren! Als eine endliche Aussage dagegen, die geordnet und in ihren Elementen abzählbar ist, gehört jedes Werk zur Menge der sprachlichen Äußerungen (la parole). Es ist durchaus zulässig (wenn auch mit der oben erwähnten Relatitivät behaftet), den Informationsgehalt einer Sprache (einer Äußerung) festzustellen. Hingegen ist es, wie Bar Hillel betonte, ein sinnloses Unterfangen, Informationsmaße auf den Bereich der Sprache (d. h. auf la langue) anzuwenden: mit Verfahren, die per definitionem endlich sind, kann man nicht Unendlichkeiten messen.

Es ist also nicht so, daß nur der Bereich der spezifisch literaturwissenschaftlichen Arbeiten in Unklarheiten verwikkelt ist, denn Ungewißheit und Mutmaßung stecken auch in den Fundamenten des Gebäudes der Humanistik, in dessen Obergeschoß die Belletristik beherbergt ist.

Sade und die Spieltheorie

I

Der Mensch trifft, solange er lebt, im Denken wie im Handeln ständig Entscheidungen. Diese Entscheidungen stützt er nie auf vollständige Erkenntnis des zu Entscheidenden. Wer aufgrund unvollständiger Informationen entscheiden muß, riskiert etwas. Das ist die typische Situation des Spiels. Der Mensch wird, wenn er auf die Welt kommt, in ein Spiel hineingeworfen, dessen Regeln er nicht kennt. Aber selbst auf den niedrigsten Entwicklungsstufen bedeutet das Leben die Verwicklung in eine Konfliktsituation und damit in ein Spiel, dessen Gewinn im Hinausschieben des Todes besteht. Deshalb ist es möglich, sämtliche Lebenserscheinungen, von den einfachsten bis hin zu den menschlichen, gleichermaßen durch die Entscheidungstheorie zu erfassen, insbesondere durch den Teil, der sich mit Konfliktsituationen befaßt, nämlich die Spieltheorie.

Mit Hilfe dieser Theorie läßt sich im Grunde jede Art von Verrichtung untersuchen – also ebenso gut die Industrialisierung eines Landes wie das Betreiben von Philosophie oder Theologie. Die Industrialisierung ist gleichsam eine Art von Spiel mit der Natur um die Mehrung jener Kräfte, die das Überleben der Gesellschaft fördern. Faßt man nun Philosophie und Theologie als Spiel auf, dann zeigt sich, daß sie in logischer Hinsicht homogen sind. Es geht bei ihnen um dasselbe: um die Entdeckung der *Regeln* des Spiels ums Dasein, zu dem die Welt herausfordert, und ferner um die Bestimmung der *optimalen* Strategie ihnen gegenüber. In der Philosophie ist das eine Strategie vornehmlich der *Erkenntnis,* in der Religion vornehmlich der *Erlösung*. Der besondere Wert der besagten Theorie besteht darin, daß man sich durch kein Manöver ihrer Kontrolle entziehen kann. Wenn nämlich ein Glaube dogmatisch die Unausweichlichkeit des Konflikts zwischen Mensch und Welt leugnet, eines Konflikts, der schließlich das Wesen des Spiels ausmacht, dann drängt dieses

Dogma, wie sich herausstellt, *de facto* zu einem anderen Spiel, das sich als unausweichliche Konsequenz aus ihm ergibt. So lehrt z. B. der Buddhismus, man solle sich von der als Spieltisch verstandenen Welt abwenden und sich harmonisch mit der Welt vereinen. Faktisch lehrt er indessen, sich auf ein Spiel mit dem eigenen Körper einzulassen, den es schrittweise derart zu beeinflussen gilt, daß er gänzlich den Appetit an jenem Spiel verliert.

Durch die Brille der Spieltheorie betrachtet, besteht die Hauptfrage der Ontologie in der Haltung des nichtmenschlichen Partners. Denn in den Augen des Menschen kann die Welt ihm gegenüber entweder unparteilich oder parteilich sein. Tertium non datur, da eine partielle Parteilichkeit *ipso facto* Parteilichkeit ist. Die Parteilichkeit scheint, wenn man sie als gegeben anerkennt, eine auf den Menschen gerichtete Intention zu beinhalten. Das ist aber keine notwendige Folgerung. Ein (z. B. durch die Hitze) deformiertes Rouletterad bringt eine einseitige Tendenz in das Spiel, und doch steckt keine Absicht dahinter. Um eine etwaige Parteilichkeit festzustellen, muß man das jeweilige Spiel auf ein als unparteilich anerkanntes Modellspiel (fair play) beziehen. Wir können zwar Roulettespiele miteinander vergleichen, aber womit sollten wir die Menschheit oder die Welt vergleichen? Die Frage nach ihrer Haltung als Spielpartner ist daher nicht anhand der Erfahrung zu entscheiden. Sollte sich einmal herausstellen, daß die irdischen Besonderheiten der Anthropogenese den Menschen mit Gebrechen belasteten, die anderen galaktischen Wesen fremd sind, dann würden wir in der Wissenschaft nicht sagen, daß wir Opfer einer feindseligen Parteilichkeit wurden, sondern lediglich, daß dies die Folge eines Zusammentreffens von Zufällen sei. Denn es gäbe keinen Grund, jene Wesen irgendwie als Vorbilder für uns anzuerkennen. Ebenso gut könnten wir ja behaupten, die Welt sei uns gegenüber neutral gewesen, während sie sich ihnen gegenüber als wohlwollend parteilich erwies. Da wir die Roulettespiele selber herstellen, wissen wir, wie ein perfektes Roulette sich zu verhalten hat. Wir wissen hingegen nicht, wie sich ein perfektes Vernunftwesen und eine perfekte Welt verhalten sollen.

Anhand der Erfahrung läßt sich also das besagte Dilemma nicht entscheiden. Für den Positivismus handelt es sich um ein Scheinproblem. Die Sache ist freilich die, daß die meisten Dinge, um derer willen Menschen leben und sterben, genau diesen Charakter haben. Die Frage nach der Parteilichkeit oder Unparteilichkeit der Welt gehört zu den ältesten, die der Mensch seit dem Beginn seiner Geschichte artikulierte. In verschiedenen Kulturen hat man sie auf unterschiedliche Weise normativ beantwortet, denn man kann jede Tatsache derart interpretieren, daß eine vorgefaßte Ansicht über ihre Parteilichkeit bestätigt wird.

Die fundamentale Annahme aller religiösen Dogmen ist eine intentional auf den Menschen ausgerichtete Parteilichkeit der Welt. Allerdings kann man auch eine unparteiliche Intentionalität annehmen, etwa in Gestalt eines persönlichen Gottes, der eine neutrale Welt schuf und sich niemals in sie einmischt. Mir ist eine Theodizee mit einer derart vollständigen Disjunktion von Diesseits und Jenseits nicht bekannt. Die Parteilichkeit, welche die Glaubenssysteme der Welt zuschreiben, kann entweder eine durchgängig wohlwollende oder feindselige oder eine (z. B. nach Art der Manichäer) gemischte sein. Die Wissenschaft hält dagegen die Welt für neutral gegenüber dem Menschen. Der moderne Naturwissenschaftler neigt zu der Aussage, daß Welt und Mensch zufallsartig verknüpfte Variablen seien. Der Spieltheoretiker sagt auf seine Art dasselbe: Das Spiel, das der Mensch mit der Welt betreibt, ist asymmetrisch, da es kein Nullsummenspiel ist, weil die Welt ein unparteilicher Partner ist, der mit dem Spiel kein Ziel verfolgt und eine gemischte Strategie betreibt, die sich deshalb nicht als Chaos äußert, weil dieser Partner in seinen Zügen durch universelle Gesetze beschränkt ist, die – durch die Überlagerung von allgemein regelhaften mit örtlich zufälligen Erscheinungen – auch den Menschen entstehen ließen. Doch weder das allgemein Regelhafte noch das örtlich Zufällige folgt aus einer Parteilichkeit der Welt. Würde die Welt nicht die Ordnung der Naturgesetze aufweisen, dann wären wir nicht in ihr entstanden, und es gäbe niemanden, der sich den Kopf über sie zerbricht. Aber würde diese Welt nicht ebenfalls eine variable Portion von zufälligen, einem Lotterietreffer entsprechenden Ereignissen offenbaren, dann wäre die Hypothese ihrer Unparteilichkeit nicht zu halten: sie würde sich dann als eine nachdrücklich auf ein Ziel ausgerichtete »Veranstaltung« darstellen, denn sie würde so funktionieren, daß sie dieses Ziel erreicht. Die Physik dieser Welt würde wie eine teleologisch programmierte Maschine arbeiten und daher bestimmte Aufgaben erfüllen. Doch der uns bekannten Physik zufolge hat die Welt keine Aufgabe, und somit stellt sie kein im ganzen teleologisches System dar. Die Wissenschaft hält also die Welt für neutral gegenüber dem Menschen. Diese Erkenntnis ist nicht nur eine Schlußfolgerung aus wissenschaftlichen Untersuchungen, sie ist zugleich deren Voraussetzung, denn sie gehört zu den obersten Direktiven, von denen die Wissenschaft sich leiten läßt. Sie legt fest, daß die Welt in der Weise zu untersuchen ist, als wäre sie gegenüber dem Leben und dem Menschen unparteilich. Dennoch ist die Tendenz, der Welt eine gewisse, und zwar eine wohlwollende Parteilichkeit gegenüber dem Leben zuzuschreiben, im Menschen derart stark, daß sie sich – eigentümlich verkappt – zuweilen auch in der Naturwissenschaft äußert, die ihr offiziell abgeschworen hat. Deshalb zeichneten sich beispielsweise die ersten wissenschaftlichen Schätzungen der »psychozoischen Dichte« der Welt, also die Hypothesen über die Anzahl außerirdischer Zivilisationen, in unserem Jahrhundert durch starken Optimismus aus, das heißt: ein reichlich bevölkertes Universum war die Hypothese, von der die Forscher ausgingen und für die sie, solange das zulässig war, Beobachtungsdaten »heranzuziehen« versuchten. Das war methodisch korrekt, denn das Fehlen von positiven Angaben über »die Anderen« läßt zahllose optimistische Erklärungen zu, d. h. solche, die das Problem der »Anderen« nicht ganz und gar liquidieren, sondern lediglich die zu lösende Aufgabe komplizierter machen. So äußerte sich die Hoffnung der Forscher auf eine wohlwollende Parteilichkeit der Welt in der Vermutung, ebenso typisch wie das Äußere der Welt – ein zufällig auflodierndes und erlöschendes Sternengestöber – sei das Entstehen von Vernunftwesen in ihr. Diese Auffassung schien nicht so rasch zu widerlegen zu sein, da die Erscheinungen der Planeto- und

Biogenese astronomisch nicht wahrnehmbar sind und ihre modellhafte Nachahmung im Labor ausgeschlossen ist, weil es sich um Prozesse von ungeheuren zeitlichen und räumlichen Dimensionen handelt. Für die Sucher nach den »Anderen« war es deshalb eine betrübliche Offenbarung, als sich aus jüngsten Versuchen der Computersimulation klar ergab, daß eine Vielzahl von sehr »engen« Bedingungen von den Sternen und Planeten erfüllt werden muß, damit Leben in ihren Systemen entstehen und sich behaupten kann. Die Randbedingungen der Astro- und Planetogenese stellen für die Evolution von Leben sozusagen eine gewundene Folge von Slalomtoren oder eine Reihe von Nadelöhren dar, und die Zufälligkeit der Stabilisierung von planetaren Systemen läßt aufeinanderfolgende Durchgänge der Biogenese durch all diese Engpässe zu einem außergewöhnlich seltenen Ereignis werden. Die optimistische Rechnung mit Millionen anderer Zivilisationen innerhalb der Milchstraße schrumpft vor unseren Augen so gewaltig zusammen, daß man bereits die Hypothese unserer Einzigartigkeit in der Galaxis aufrechterhalten kann. Wenn auch noch ungewiß, ist das doch schon möglich. Diese Katastrophe der Hoffnung auf eine kosmische Universalität der Vernunft macht, wie ich glaube, die sogar in der Wissenschaft sich äußernden Ansprüche deutlich, die der Mensch an die Welt richtet, denn ihre leblose Öde scheint unser Schicksal zu einem zufälligen Kuriosum zu machen. Die Wissenschaft konnte eine wohlwollend parteiliche, weil dem Leben gewogene Welt nicht *direkt* postulieren, und so tat sie es durch ein Umgehungsmanöver, indem sie eine breite Zone des Kosmos postulierte, in welcher die Gesetze der Natur sich durch die Einleitung der Biogenese äußern. Die Schwierigkeiten und Nöte eines solchen Umwegs kennt weder die Religion noch die Kunst. Die von ihnen offen postulierte Parteilichkeit enthält als Ziel den Menschen, während sie – wenn man gewissermaßen in die entgegengesetzte Richtung blickt – eine Intention beinhaltet, die wohlgemerkt nicht in einer Person (in Gott z. B.) lokalisiert sein muß, denn als Ursprungsgebiet jener Intention kann man eine unzugängliche Zone – etwa die »Dinge an sich« – als den Sitz des Schopenhauerschen Willens annehmen. Die für die Glaubensvorstellungen des Mittelmeergebiets typische wohlwollende Parteilichkeit Gottes ist nicht das Resultat von Lebenserfahrungen, sondern eine vorab feststehende Annahme des Glaubens, was man schon daran erkennt, daß die Theodizee, die einen gegenüber der Schöpfung unendlich wohlwollenden (und in diesem Sinne parteilichen) Gott postuliert, sich nicht nur an der bestehenden Welt festmachen läßt, sondern – nach einer entsprechenden »Nachregulierung« der Interpretation der Offenbarung – an jeder noch so schrecklichen Welt, die man sich nur denken kann. Diese Optimierung, die es erlaubt, jede Ungeheuerlichkeit aus der Rubrik der blinden Treffer in die Rubrik der väterlichen Güte Gottes zu übertragen, entsteht durch eine Verlängerung des existenziellen Spiels in dem Sinne, daß sein diesseitiger Teil zu einem testähnlichen »Mittelspiel« erklärt wird, während man das Endspiel einschließlich der Realisierung der Auszahlungsfunktion ins Jenseits verlegt. Mit Hilfe dieses mathematisch einfachen Tricks kann man jedes Spiel, bei dem ein Partner Zufallsstrategien benützt, in ein Spiel umformen, das in der letzten und »daher« unbeobachtbaren Phase eine Minimax-Verlängerung enthält.

Die Wissenschaft, so sagten wir, setzt ihre optimistischen Hypothesen dem Scheitern aus und gibt damit den Rest der von ihr nur noch indirekt der Welt zugeschriebenen wohlwollenden Parteilichkeit preis. Das Dilemma bleibt dennoch unverändert in der Kultur lebendig. Wenn, wie es gegenwärtig der Fall ist, die historisch hochstehenden Werte ehrwürdiger Glaubenssysteme sinken, treten deren billige Substitute zutage in Gestalt ebenso verbreiteter wie hartnäckiger, ad hoc produzierter »Angaben« über Besucher aus dem Kosmos, über die gütigen Akte der Hilfe, die sie unseren Vorfahren erwiesen, oder (beziehungsweise: aber auch) über die der Menschheit drohenden kosmischen Monster. Und zwar, weil es dem Normalverstand – so darf man annehmen – leichter fällt, sich mit der positiven oder schließlich auch negativen Parteilichkeit der Welt, in der wir leben, als mit ihrer eiskalten Gleichgültigkeit abzufinden. Die zwieschlächtige Aufspaltung der Parteilichkeit läßt sich am einfachsten durch einen binären Graph darstellen:

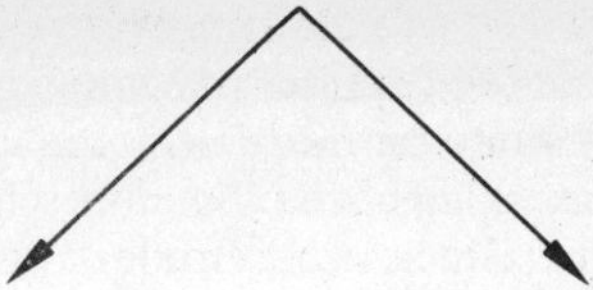

Die Arme des ersten Graphs führen zu den zwei folgenden Verzweigungen gemäß der nachstehenden Alternative. Die positiv parteiliche Welt kann entweder nur gegenüber einzelnen oder aber gegenüber all ihren Bewohnern wohlgesonnen sein. In der Literatur – denn von ihr wird die Rede sein – wird der erste Welt-Typ vom Märchen, der zweite von der Utopie besetzt. Ein ebensolcher binärer Graph auf der anderen Seite der Gabel teilt die negativ parteiliche Welt in eine entweder gegenüber einzelnen oder gegenüber ganzen Gesellschaften feindselige Welt auf. Die letztere, mit einem negativen Vorzeichen versehene Welt ist die Welt der Antiutopie. Die erstere ist vom kollektiven Schaffen nicht besetzt worden: so etwas wie ein »Antimärchen« existiert in der Folklore nicht.

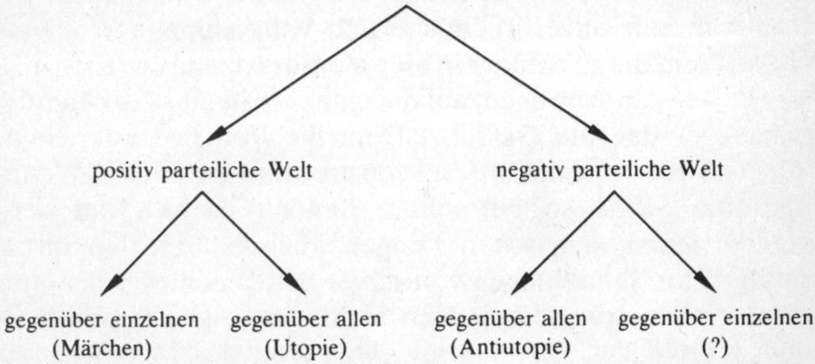

Die Welt der Utopie ist das allgemeine Extrem der Güte: an ihr haben alle teil. Die Welt des Märchens verhält sich dagegen wie ein Vater, der dem Kind zu gewinnen hilft, nicht weil es in jeder Hinsicht das beste ist, sondern weil es *sein* Kind ist. Die Ethik der Märchenwelt ist deren selektive Physik, denn die unfehlbare Güte des Schicksals der Auserwählten im Märchen gleicht der Unfehlbarkeit der Gesetze der Physik. Weil sie so gut ist, bevorzugt diese Welt im allgemeinen die guten Helden (die im übrigen zumeist in vielerlei Hinsicht weit vom Ideal entfernt sind). Häufig sind sie weder besonders klug noch besonders schön (das häßliche Entlein, Hans im Glück, der Bruder, der von allen am wenigsten gescheit, aber am ehrlichsten ist). Die Taten eines solchen Helden erscheinen oft leichtfertig, ja töricht, doch zeigt sich bald, daß er gerdade ihretwegen mit der Gunst des Schicksals überhäuft wird. Der Schwache gewinnt gegen den Stärkeren, der Zurückhaltende gegen den Frechen, der Dummkopf gegen den Klügling, wenn er nur gut ist. Allzu genau darf man sich diese Güte übrigens nicht anschauen. Sie pflegt eher in einer knapp angedeuteten Biederkeit als in einer mächtigen Anhäufung von Tugenden zu bestehen, und eigentlich kann man über sie nur soviel sagen, daß sie nicht von der Niederträchtigkeit lebt. Was auch immer ein solcher Held tun mag – er tötet den Drachen, heiratet die Prinzessin, wird König. Das liegt daran, daß es im Märchen – unter ganzheitlichem Aspekt betrachtet – für den Helden keine Strategie gibt, mit der er verliert. Man kann das als eine Prüfung der Effektivität dieser Welt auffassen: erst das ist eine wahrhaft unverbrüchliche und vollkommene Wohlgesonnenheit, die aus Mängeln eine Voraussetzung des Erfolges macht, aus den Abwegen, auf die einer gerät, eine Abkürzung des Weges, der zum Ziel führt. Denn die Welt, in der der Held lebt, ist Partner in einem Spiel von grenzenloser Gunst. Wenn man die Sache so betrachtet, handelt es sich bei den wundersamen, magischen Dingen, die dem Helden ohne sonderliche Bemühungen von seiner Seite zuteil werden, um einen Spielbetrug, der jedoch nicht dem eigenen, sondern dem Vorteil des Partners gilt. Die Welt des Märchens ist gewissermaßen der nobelste Falschspieler, der es nicht zuläßt, daß sein Favorit verlieren könnte. Gleichzeitig gibt es, entsprechend dem Grundsatz der Symmetrie in den Spielstrukturen, im Märchen keine Gewinnstrategie für die negativen Gestalten. Heimlich entwendet der böse Herbergswirt den Knüppel aus dem Sack, das Huhn, das goldene Eier legt; der böse Dschinn stiehlt dem Helden den Zauberring und schleudert ihn obendrein in eine tiefe, ausweglose Schlucht, in der sich die Knochen derer häufen, die dort hineinstürzten, doch der Held befreit sich auch aus dieser Schlinge. Der Knüppel aus dem Sack kehrt zu seinem rechtmäßigen Eigentümer zurück, desgleichen das Huhn, aber den Bösen wird eine nicht durch rührseligen Humanismus gemilderte Strafe zugemessen, weil das Märchen mit einer kategorischen, zweiwertigen Ethik arbeitet, die keinen Kompromiß kennt. In ihm gebührt den Guten nichts als das Gute, den Bösen dagegen das Böse.

Die namenlosen Autoren der Volksmärchen waren gewiß nicht mit der Spieltheorie vertraut, und sicherlich befaßten sie sich, als sie die Fabeln schufen, nicht mit der Apokrise optimaler Strategien. Die Motivation der Märchen ging auf psychologische Quellen zurück. Es geht um eine kompensatorische Funktion gegenüber der realen Welt, in welcher der starke Schuft dem braven Biedermann überlegen ist und die durchtriebene Rücksichtslosigkeit sich besser auszahlt als die loyale Tugend. Nichts ist in der wirklichen Welt derart wehrlos wie die der kühlen Berechnung fremde Redlichkeit, und deshalb ist die Welt des Märchens eine ganz und gar auf den Kopf gestellte Wirklichkeit. Das Märchen ist keine Moralität, und so ist ihm denn auch eine Ethik fremd, die gleichfalls die Feinde mit Gunst bedenkt. Daß die ehrbaren Helden die Hexe mit der Schaufel in den Ofen stoßen, löst bei den Zuhörern keine Einwände aus, weil es sich mit ihrem Gerechtigkeitsempfinden deckt. Das Märchen ist nur in dem Sinne ganz und gar konsequent, daß es dem Helden uneingeschränkten strategischen Schutz gewährt. Man darf die Welt des Märchens deshalb als die Welt eines Spiels bezeichnen, das *stets glücklich* ausgeht. Nicht, daß die Helden des Märchens vollkommen wären – vollkommen ist allein das Spiel, weil man sich dermaßen auf seinen Ausgang verlassen kann. Die Helden haben davon allerdings nicht die geringste Ahnung. Sie wissen nicht, daß sie vorteilhaft mit gefälschten Karten spielen, denn wenn sie es wüßten, würde das ihre Ehrlichkeit in ein zweifelhaftes Licht rücken.

Nicht immer ist die Auszahlungsfunktion im Märchen eine Funktion der Güte des Helden. Die Märchenwelt pflegt umerziehend zu wirken und eine anfängliche Bösartigkeit des

Helden in Güte zu verwandeln. Dabei geht es natürlich nur darum, einer Schachfigur andere Eigenschaften zu verleihen. Aus dem Bauern kann eine Dame werden. Eine solche, freilich seltene Metamorphose beweist, wie unbegrenzt die Macht der positiv parteilichen Welt ist.

Wenn der Böse sich in einen Guten verwandelt, so mag uns das verblüffen, aber Sorgen brauchen wir uns deswegen nicht zu machen. Die umgekehrte Transformation kommt im Märchen dagegen niemals vor. Die Prinzessin gibt nicht den Prinzen um des mächtigen Zauberers willen auf, der Prinz wird sie nicht der Unzucht überantworten, und die Bösen werden, ganz allgemein gesagt, nicht den geringsten Spaß an ihrer Bosheit haben. Dazu kommt es erst im Antimärchen.

In der bisher von uns entworfenen Tabelle gibt es keine parteiliche, mit einem unklaren Wertvorzeichen versehene Welt. Hierbei handelt es sich um die Welt der Mythen, die in der Gestaltung der Schicksale willkürlich verfährt, ohne daß der Mechanismus dieser Willkür erkennbar wäre. Diese Welt manipuliert das Schicksal der Helden im Hinblick auf unergründbare Ziele, von denen weder ihnen noch uns etwas bekannt ist. Auch hier wird – wie im Märchen – die Unfehlbarkeit der Strategie betont: was auch immer der Held tun mag, es ändert nicht das geringste an der für ihn vorprogrammierten Bestimmung. Im Mythos gibt es für den Helden weder eine Verlierer- noch eine Siegesstrategie, die das prästabilierte Ende der Auseinandersetzung verfehlen könnte. Die Strategien der Mythen sind vollkommen äquifinal: wenn Ödipus sich aufhängen würde, um dem Orakelspruch zu entgehen, dann würde der Ast unter seinem Gewicht brechen, ein Rabe würde ihm den Strick um den Hals aufpicken, und vorbeiziehende Wanderer würden ihn wiederbeleben, und würde er auf eine Viper treten, dann würde sie sich den Giftzahn an der Schnalle seiner Sandale abbrechen. Freilich unterliegt diese von der Welt des Mythos bewiesene Effizienz, die der des Märchens gleichkommt, nicht einer Steuerung im Hinblick auf die seelischen Qualitäten des Helden, da die erbaulichen, kompensatorischen Funktionen den Mythen grundsätzlich fremd sind. Die Mythen haben ein anderes Verhältnis zur Realität als das

Märchen. Das Märchen zeigt eine Welt, die zur Erquickung der Herzen höchst wunderlich auf den Kopf gestellt ist. Beim Mythos ist es im allgemeinen umgekehrt: er extrahiert aus der Wirklichkeit die blinde Willkür des Schicksals und verdichtet sie. Doch wenn es unverbesserlichen Optimisten in der realen Welt immer noch gelingen mag, das Schicksal von der Anklage vorsätzlicher Grausamkeit freizusprechen, indem sie ein übles Geschick zur Folge unglücklicher Zufälle erklären, versagt ihnen der Mythos diese Abwehrmöglichkeit. Daher seine unübersehbare Prädeterminiertheit: das in der ganzen Konstellation seiner Einzelheiten angekündigte Unglück kann nur eine von vornherein feststehende Fügung sein. Nicht immer handelt es sich dabei um eine feindselige Parteilichkeit, oft sind nur ihre Motive unbegreiflich. Zuweilen enthalten auch Märchenfragmente eine mythenartige Vorherbestimmtheit: trotz aller Prophylaxe sticht sich die Prinzessin schließlich an der Spindel. Doch ist der Grund dieser Unausweichlichkeit innerhalb der Struktur des Märchenspiels leicht einzusehen. Die Märchenwelt ist ein Homöostat, der, aus dem Gleichgewicht gebracht, unfehlbar zu ihm zurückkehrt. Die Welt des Mythos strebt auf einen Gleichgewichtszustand zu, der, weil er etwas Außermenschliches ist, unbegreiflich ist, und wenn sie einen Helden nicht ins Verderben stürzt, sondern direkt glücklich werden läßt – denn auch das kommt vor –, dann gleichsam nebenbei, und der Spieleinsatz ist dann nicht das Glück, sondern ein gewöhnlich unentzifferbarer Wert aus einem anderen Bereich. Die Welt des Märchens ist wie ein Richter, der dem ehrlichen Angeklagten bis hin zur Ungerechtigkeit wohlgesonnen ist. Die Welt des Mythos ist ein Richter, der ein Todesurteil ausspricht und den schwerkranken Verurteilten aufs pfleglichste heilen wird, damit er zur festgesetzten Stunde gesund auf dem Schafott stehen kann.

In der Frage, was die Menschen einander eigentlich mitteilen, wenn sie Mythen entsinnen und erzählen, besteht unter den Experten große Uneinigkeit. Die Exegetik und Hermeneutik der Mythologen erstreckt sich von klassischen über ethnologische und strukturalistische bis hin zu psychoanalytischen Erklärungen, doch bestätigt allein schon die

Vielzahl der Standpunkte nur, wie unbestimmt das Vorzeichen ist, mit dem diese parteiliche Welt versehen wurde.

Im Lichte der Spieltheorie ist das Märchen ein Nullsummenspiel, da der Gewinn des Helden dem Verlust seiner Gegenspieler gleich ist. Was die Bösen verlieren, gewinnen die Guten. Sicherlich geht es dabei nicht um eine arithmetische Summenbildung. Es ist kaum zu entscheiden, ob der Bund mit dem abscheulich verkrüppelten Zauberer für die Prinzessin genauso widerwärtig wäre, wie die Hochzeit mit dem schönen Ritter lustvoll ist, doch da es sich nach allgemeinem Empfinden gerade so verhält, geht die Gleichung auf. Im Mythos geht es um ein Spiel, dessen Summe von Null verschieden ist, und genau darin ähnelt er der Realität. Wenn jemand im Leben verliert, muß das ja nicht heißen, daß ein anderer gewinnt. Schließlich ist nichts darüber bekannt, ob Moira aus der Vernichtung von Ödipussen entsprechende Befriedigung zieht. Die Höhe des Einsatzes ist folglich im Mythos unbestimmt, und die Auszahlungsfunktion ist eine von einer Unbekannten abhängige Variable. Erhalten bleibt indessen das vom Märchen übernommene Prinzip der strategischen Äquifinalität, das häufig die Gestalt einer Strategie annimmt, die das maximiert, was sich erfüllen soll: Ödipus tötet den Vater und heiratet die Mutter, weil dem Menschen nichts Schlimmeres zustoßen kann als Vatermord und Blutschande. Der im psychologischen Sinne projektive Charakter solcher Mythen ist mittlerweile so bekannt, daß er eine Trivialität ist, seit die Ambivalenz unserer Gefühle aufgedeckt wurde. Für die Naturwissenschaft bleibt allerdings die Feststellung, daß die Erotik auf geheimnisvolle Weise mit der Aggression, der Glaube mit der Blasphemie, die Beseelung mit dem Animalischen und die Anziehung mit der Abstoßung verwachsen sei, ein Rätsel. Wir wissen nicht, wie oder wann es im Laufe der Evolution oder der Anthropogenese zu diesen Verwachsungen kam; wir wissen nicht, ob es sich dabei um Zusammenhänge handelt, die im Rahmen der natürlichen Entwicklung allgemein für denkende Wesen konstitutiv sind, oder nur um eine partikulare, irdische Besonderheit dieser Entwicklung; wir wissen noch nicht einmal, ob eine Änderung der neuralen Strukturen, die die

Träger dieser Ambivalenz sind, eine Schädigung oder eine Vervollkommnung des Menschen wäre. Ich glaube jedoch nicht, daß das Fragen sind, die für alle Zeiten unentscheidbar bleiben müssen.

Wenn wir den Mythos in unserer Tabelle der Arten ontischer Parteilichkeit unterbringen wollen, müssen wir auf die klare Einfachheit der binären Graphe verzichten und einen Graph wählen, der das Spektrum der Übergangszustände zwischen den Extremen der rein positiven und der rein negativen Parteilichkeit mit einer Unzahl von Dendriten bezeichnet. Es kann unendlich viele solcher Dendriten geben, was nichts anderes bedeutet, als daß das Spektrum der Übergänge kontinuierlich ist, denn die Märchen können sich beliebig mit den Mythen kreuzen und lebensfähige Nachkommen hervorbringen.

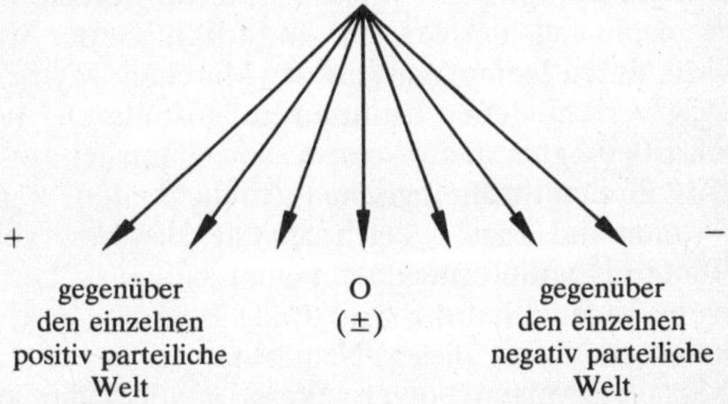

Dazu ist zu bemerken, daß die Lokalisierung eines konkreten Werkes in diesem Spektrum, das von einer singulär positiven zu einer singulär negativen Parteilichkeit reicht, eine Funktion des Ethnozentrismus des jeweiligen Rezipienten ist. Die Märchen ferner Kulturkreise, etwa der japanischen, afrikanischen oder indonesischen Folklore, wirken auf uns oft wie Mythen, ja sogar wie Approximationen des Antimärchens, das heißt einer nur noch feindselig-parteilichen Welt. Vielfach liegt das daran, daß die Bedeutungen im Märchen (wie überhaupt bei jeder sprachlichen Überlieferung) weitgehend undefiniert sind und eigentlich nur derjenige sie voll erfassen kann, der an der Kultur teilhat, die das Märchen hervorbrachte. Was einem Europäer oder allgemeiner einem innerhalb der jüdisch-christlichen Kultur erzogenen Menschen als extreme Ungerechtigkeit des Schicksals erscheinen mag, muß dem Angehörigen einer afrikanischen Stammesgemeinschaft durchaus nicht so erscheinen. Der Strukturalismus hat in der letzten Zeit mit allen Kräften versucht, diesen Aspekt der Sache innerhalb der Ethnologie zu verwischen; er forschte lediglich nach Merkmalen, die gemeinsame Nenner der sprachlichen Vermittlung darstellen. Solche Merkmale gibt es natürlich, und sei es auch nur, weil die Strukturen aller auf der Erde entwickelten natürlichen Sprachen topologisch übereinstimmen, was freilich eine äußerst banale Mitteilung ist – genauso wie die Entdeckung, daß die Sklettstrukturen aller Wirbeltiere einander topologisch entsprechen. Und so wie der osteologische Homöomorphismus nicht dazu berechtigt, alle Wirbeltiere einander gleichzusetzen, berechtigt der Homöomorphismus der generativen Strukturen der Sprache nicht dazu, einen Isomorphismus der Märchen, Mythen und Legenden verschiedener Kulturen zu postulieren. Warum ihre kulturbedingten Unterschiede soviel unwichtiger sein sollen als ihre anthropologischen Ähnlichkeiten, kann im Grunde niemand sagen. Nachdem sie bei den von ihr untersuchten Überlieferungen mit einer axiomatischen Neutralisierung begann, hat die strukturale Ethnologie die Literaturwissenschaft mit dieser Neutralität angesteckt – mit recht beklagenswerten Folgen. Wenn nämlich der konsequente strukturalistische Ethnologe die Ethik des Dritten Reiches und die der Phalanstères als gleichberechtigt betrachten muß, dann muß der strukturalistische Literaturwissenschaftler alle Texte als gleich ansehen, die hinsichtlich der von ihm postulierten elementaren Symmetrieverhältnisse übereinstimmen.

Es muß noch auf die aufschlußreiche Tatsache hingewiesen werden, daß dort, wo auf unserem spektral modifizierten Graph bei Null der Übergang von den positiv-parteilichen zu den negativ-parteilichen Welten stattfindet, naturgemäß Bedingungen herrschen müssen, die von den Bedingungen der empirischen Welt mit der ihr eigenen Null-Parteilichkeit nicht zu unterscheiden sind. In dieser Welt geht es ja ganz unterschiedlich zu: besser oder schlechter, einmal schlecht, einmal gut, und dieser Wandel unterliegt einer zufälligen Streuung (»das Leben ist ein Glücksspiel«; »das Glück läßt sich nicht festbinden«). Ganz ähnlich geht es in der Welt vieler Mythen zu, und zwar nicht, weil ihre Parteilichkeit gleich Null wäre, sondern weil eine offenbar intentionale, zugleich aber unwiderleglich *launenhafte* Parteilichkeit in der Praxis von den Folgen des unparteilich wirkenden Zufalls nicht zu unterscheiden ist. Beobachtungen, die der Volksmund in Redensarten wie »Den Seinen gibt's der Herr im Schlaf« oder »Er ist ein geborener Pechvogel« usw. zusammenfaßte, werden vom Mythos gewissermaßen ins Monumentale und Geheimnisvoll-Erhabene gesteigert. Der Unterschied zwischen der Parteilichkeit des Mythos und der Unparteilichkeit der empirischen Welt liegt weniger in der Struktur des Geschehens – sie kann sogar in beiden Welten dieselbe sein – als vielmehr in der *Interpretation* dieses Geschehens. Das Intervall der strukturalen Amplitude der Mythen reicht von einer Welt mit einer ausdrücklich bestätigten Parteilichkeit bis zu einer Welt mit einer nur vermuteten Parteilichkeit. Der Nachweis der Parteilichkeit ist dann erbracht, wenn – wie im Mythos des Ödipus – das eintritt, was anfangs vorhergesagt oder vielmehr prophezeit wurde. Allerdings kann die Parteilichkeit in abgeschwächten Formen der Vermittlung angedeutet werden, und gerade dann wird sie für die nicht-folkloristische Literatur besonders attraktiv. Schließlich diente ein solcher, durch ausgesuchte erzählerische Mittel in seiner rigiden und daher eindeutigen Vorherbestimmtheit abgeschwächter Ödipus-Mythos unzähligen belletristischen Werken als paradigmatisches Urbild. Die Ungewißheit des Rezipienten, ob er es nun mit einer absichtlichen Reinkarnation des Mythos zu tun hat oder bloß mit dem Eindruck einer Ähnlichkeit zwischen Realität und Mythos, der durch den unbestreitbar wahren Umstand hervorgerufen wird, daß »es sich auch so abspielen kann« – diese Ungewißheit verleiht solchen Werken gleichsam zusätzliche Dimensionen und bereichert dadurch ihren semantischen Gehalt.

Als Erzählungsmuster sind am meisten solche Mythen

gefragt, in denen die Ereignisse gänzlich der Wunderbarkeit entbehren. Denn je normaler sich alles abspielt und je genauer sich zugleich innerhalb dieser banalen Normalität die Vorherbestimmung des Schicksals zu erfüllen scheint, um so größer ist der Effekt, da sich der Leser nicht zwischen zwei einander ausschließenden Urteilen entscheiden kann: dem unglaublichen Geheimnis der Vorherbestimmtheit und der suggestiven Glaubhaftigkeit der Ereignisse, die bezeugt, daß gerade das Unglaubliche eintrifft. Durch die Welt eines derart konstruierten Werkes scheint eine andere Welt hindurchzuschimmern, über die man jedoch nie etwas erfahren, sondern nur Vermutungen anstellen kann; ein sehr berühmtes Beispiel dafür ist die Aura der Werke Kafkas. Diese Struktureigenschaft läßt sich auf einfache Weise sachlich erklären: jeder Zufallsserie von Ereignissen kann man eine Interpretation hinzufügen, die die Zufälligkeit der Ereignisse in eine determinierte Notwendigkeit verwandelt.

Die Utopie ist der äußerste Glückszustand. Sie muß sich folglich unverändert erhalten, denn wenn sie sich verschlechtern würde, wäre sie keine Utopie mehr, und wenn sie sich vervollkommnen würde, würde sie dadurch ihre frühere Unzulänglichkeit offenbaren. Die Utopie muß aus den gleichen Gründen vollkommen sein, aus denen auch Gott vollkommen sein muß; wird seine Vollkommenheit erst einmal angezweifelt, dann bricht die ganze Theodizee zusammen, weil er dann nicht mehr die hinreichende und notwendige Ursache von allem ist – denn wenn er das wäre, würde er zunächst seine eigene Vollkommenheit vervollständigen! Wer prinzipiell verschiedene Utopien, die aber nicht gleichzeitig am gleichen Ort realisierbar sind, für möglich hält, glaubt in Wirklichkeit nicht an eine im klassischen Sinne verstandene Utopie. Die Utopie ist eine Folgerung aus der Annahme, daß alles Menschliche *gleichzeitig* ein nicht zu übertreffendes *Gut* sein könne, daß es keinen Wert gibt, auf den man zugunsten anderer Werte verzichten müßte. Als ein solches Ideal des Zusammenlebens muß die Utopie mit Unveränderlichkeit ausgestattet sein. Sie stellt daher auch kein so interessantes Thema dar wie das Märchen: das Ideal ist kein wunderbares Abenteuer.

Schöpfungsmythen berufen sich häufig auf einen längst vergangenen Zustand der Vollkommenheit, auf ein goldenes Zeitalter oder ein verlorenes Paradies, aber nur, um die Ursachen des Niedergangs zu benennen: es geht dabei nicht um die verflossene Herrlichkeit, sondern darum, auf die an der Verschlechterung Schuldigen hinzuweisen. Im Grunde könnte sich jede Epoche ihre eigene Utopie schaffen, die ihr in derselben Weise entspricht wie das Positiv dem Negativ.

Verwickelte, dem zeitlichen Wandel unterworfene Umstände sorgten allerdings dafür, daß es nur in wenigen historischen Augenblicken zur Ausbildung von Utopien kam. Den Epochen, die in dieser Hinsicht stumm geblieben sind, vermag der heutige Mensch nicht die ihnen entsprechenden Utopien zuzuschreiben, und das liegt an denselben Ursachen, deretwegen sich heute außer den wissenschaftlichen Fachleuten niemand mit den einst entstandenen Utopien befaßt. Die Utopie ist nämlich ein Gesellschaftsentwurf, der von allen möglichen Entwürfen der vortrefflichste und in dieser Vortrefflichkeit für alle Zeiten *typisch* sein soll. Das ist freilich ein ganz und gar unmöglicher Traum, denn so etwas wie eine Utopie, die nicht durch einen Koeffizienten ihrer Entstehungszeit genau gekennzeichnet wäre, kann es nicht geben. Utopien sind, mit einem Wort, Gefangene ihrer jeweiligen Zeit, und sie stellen daher keine Währung dar, die sich überzeitlich in höchste gesellschaftliche Werte konvertieren läßt. Auch für die Belletristik ist die Utopie kein dankbares Thema. Ihre typischen Gestalten, um all das verkürzt, was nicht höchsten Maßstäben genügt, besitzen kaum eine Individualität. Das Glück, das alle einander ähnlich macht, stellt für den Erzähler, der es gewohnt ist, seine Geschichte auf einem Konflikt aufzubauen, eine tonlose Taste dar. Im Sinne der Spieltheorie ist die Utopie eine *unablässige Auszahlung des Hauptgewinns,* die eine Auseinandersetzung krönt, von der man gewöhnlich kein Wort erfährt. Da der Konflikt bereits gelöst wurde, kann es auch kein Spiel geben. Das widerspricht nicht dem oben Gesagten, daß es unmöglich ist, sich der Spieltheorie zu entziehen, denn ausgeschlossen ist das nur im realen Handeln oder im Nachdenken darüber. Hingegen kann man sich eine Utopie, die den Regeln der

Spieltheorie enthoben ist, ebenso leicht denken wie einen dreieckigen Kreis oder ein weißes Schwarz. Alles Gesagte gilt für die historisch entstandenen Utopien, nicht aber für die neuere Erkenntnis, die wir der recht glaubwürdigen Mitteilung verdanken, daß die Sättigung mit Beglückungen, anders gesagt, die Befriedigung der latenten und gesellschaftlich stimulierten Gelüste und Begierden im Übermaß, Frustration hervorruft und eine wachsende Rebellion gegen den Wohlstand im Namen alles dessen, was in der jeweiligen Spielart des allgemeinen Wohls nicht erreichbar ist. Die Utopie ist somit ein literarisch undankbares Thema, ein vages Trugbild, in das nur ein peripheres Ereignis, etwa die Konfrontation mit einer realen Gesellschaft wie in dem Roman »Menschen wie Götter« von H. G. Wells, Bewegung zu bringen vermag.

Wenn es nicht um die Utopie selbst geht, sondern um den Weg zu ihr, dann haben wir es mit einer gesonderten Variante der gesellschaftlichen Melioration, also mit einer Frucht des soziotechnischen Denkens zu tun. Ein solcher Entwurf stützt sich nicht uneingeschränkt auf die wohlwollende Parteilichkeit der Welt, sondern auf die Eigentätigkeit der Menschen.

Eigentlich müßten wir daher in unserem Graph eine spezifische Unterteilung vornehmen, je nachdem, ob es *die Welt* als solche ist, die gegenüber dem Menschen existenzielle Parteilichkeit beweist, oder nur die *anderen Menschen*. Es geht also um den Unterschied zwischen einer ontischen und einer sozialen Parteilichkeit. Diese zusätzliche Unterscheidung berührt nicht die Welt des Märchens, in der Wirkkräfte, die des Wunderbaren entbehren, nichts zu suchen haben. Doch für die Utopie und die Antiutopie läßt sich eine scharfe Trennung zwischen der existenziellen und der sozialen Parteilichkeit nicht durchführen, weil wir weder in der Empirie noch in Metaphysiken religiöser oder philosophischer Art Kriterien für die Erstellung einer unanfechtbaren Dichotomie finden. Verschiedene Religionen haben darüber unterschiedlich geurteilt, und in der christlichen beispielsweise herrschte, wie man schon an den Peripetien von Orthodoxie und Häresie ablesen kann, eine »demarkatorische Unentschiedenheit«. Die positiven und negativen Vorzeichen wurden von den Theologen auf den Landkarten des Seins ungleichmäßig verteilt. Die Amplitude der zulässigen Abweichungen war bei der Orthodoxie (Augustin, Thomas) nur deshalb kleiner als bei den Häretikern, weil die Kirche als ein Überwachungssystem auftrat, das extreme Verfehlungen unterband. Aus diesen aber entstanden die Häresien, bei denen, weil es ihnen an einem Begrenzer mit der Autorität des Vatikans gebrach, die Oszillationen, durch die sie immer weiter zersplittert wurden, sich unaufhörlich verstärkten. Bei einer diachronischen Projektion jener Abweichungen, Korrekturen und erzwungenen zentripetalen Kehrtwendungen auf die Ebene würde sich zeigen, daß die Theodizee hinsichtlich der axiomatischen *Lokalisierung* schwankt, anders gesagt, daß sie den Einflußbereich von Gut und Böse nicht eindeutig definiert. Die Projektion auf die Ebene wäre noch durch eine Stereoprojektion zu ergänzen, welche die aus dem Diesseits kommenden Erlösungsbemühungen und die aus der Transzendenz ihnen in Gestalt der Gnade entgegenkommende Hilfe des Erlösers in ihrem Wechselverhältnis berücksichtigen würde. Nach dem Hl. Augustinus war der Beitrag des im Diesseits gelegenen Vektors im Grunde gleich Null, da *de facto* die himmlische Gnade über den Erfolg entschied, deren Motive der Hinwendung unerforschlich waren. Diese extreme Auffassung wurde unterbunden, und es setzte sich statt ihrer die Diagnose des Hl. Thomas durch, die grob gesagt eine Komplementarität der beiden Vektoren behauptete. Wir können also feststellen, daß die senkrechten Vektoren (Himmel – Erde) sich in unserem Modell treffen, während es der kirchlichen Doktrin zufolge nicht möglich ist, die Bereiche der ontisch-existenziellen und der anthropologisch-sozialen Parteilichkeit voneinander abzugrenzen. Und es ist nicht nur so, daß eine solche Abgrenzung sich nicht durchführen läßt: man kann nicht einmal – solange man in der Kirche bleibt – die Undurchführbarkeit einer solchen Aufgabe erkennen. Das liegt daran, daß die Kirche sich gegen eine Selbsterkenntnis dieser – topographischen – Art wehrte. Die letzte Ausflucht der Theologie – um die Theodizee gegen die ätzende Wirkung allzu eindringlicher Überlegungen zu immunisieren, erhob sie den Widerspruch zum Dogma und legte willkürlich fest, welche für die Gläubigen allein verbindliche Folgerung aus jenem Widerspruch zu ziehen ist – machte eine Unterscheidung des ontischen vom sozialen Übel innerhalb der Doktrin ganz und gar unmöglich. Im Lichte der Spieltheorie erweist sich das Christentum als ein Spiel, das dem Bridge ähnelt. Die erste Ansage (die Lossagung vom Satan bei der Taufe) leitet das Reizen ein, mit dem ein Spiel beginnt, das ein Leben lang dauert. Trumpffarbe ist die Tugend, der große Schlemm ist die Heiligkeit, und gänzlich ohne einen Stich zu bleiben bedeutet, ewiger Verdammnis anheimzufallen. Der da reizt und die Partie spielt, ist ein Sterblicher, für den die Welt der Tisch ist (d. h. die auf dem Tisch liegenden Karten), während die beiden anderen Spieler, genau wie beim Bridge, zugleich eine Einheit bilden und auch wieder nicht (vgl. z. B. R. Luce, H. Raiffe, *Games and decisions,* 1963). Denn ein Spielerpaar ist beim Bridge gleichsam wie ein Spieler, der zeitweise die Erinnerung daran, welche Karten er genommen hat, verliert. Man kann eigentlich kaum sagen, daß der eine der beiden Gegenspieler (Gott) den, der die Partie spielt, dauernd unterstützt und der andere (Satan) ihm dauernd Schwierigkeiten macht, weil die abgeworfenen Karten – wie beim Bridge – zwar ein Signal sind, aber ein *zweideutiges.* Der Spieler kann lediglich sehen, was bereits auf dem Tisch liegt (d. h. was im Diesseits geschieht), aber auch nur danach kann er sich die Strategie seiner Gegenspieler rekonstruieren. Es besteht quasi nur der Unterschied, daß der eine der beiden Spieler ihn vermutlich fördert und der andere ihm schadet. Doch andererseits ist Satan nicht dem Willen Gottes entzogen, denn ohne ihn geschieht nichts (weshalb es auch im Vaterunser heißt »und führe uns nicht in Versuchung«, und diese Worte richten sich schließlich nicht an den Teufel); daher läßt sich der Beitrag dieser beiden Spieler zur Partie umfangsmäßig nicht abgrenzen. Das Spiel ist ein Leistungstest für die Tugend des Sterblichen, den die Bilanzierung des Spiels und die Auszahlung im Jenseits erwartet. Das Lehrbuch dieses Spiels legt widerspruchsvoll fest, daß Gott zu der kanonischen Auszahlungsfunktion verpflichtet und auch nicht verpflichtet ist (nicht nur die Verdammung kennt keine Grenzen, sondern auch die Gnade). Die Rekonstruktion dieses Spiels steckt also voll von Widersprüchen, so daß man ein solches Bridge einfach nicht spielen könnte. Darüber hinaus offenbart die modellhafte Rekonstruktion des Spiels um die Erlösung, daß das Spiel Dinge enthält, die auch in mathematischer Hinsicht unerfreulich sind. Die Summe des Spiels ist nicht gleich Null, und das in einer ganz besonderen Weise: was auch immer der Spieler hier tut, ist endlich, die Belohnungen und Strafen dagegen sind unendlich. Man kann deshalb ohne Übertreibung sagen, daß ein derart geregeltes Spiel mit einer solchen Relation zwischen einer stets endlichen Zahl von Zügen und einer stets unendlichen Auszahlungsfunktion nicht nur kein »fair play« darstellt, sondern in jedem einzelnen Fall unendlich ungerecht ist. Dies gilt aber nur, solange man es *nicht* als Glücksspiel auffaßt, denn als Glücksspiel zeichnet es sich lediglich durch eine unendlich große Disproportion zwischen Einsatz und Gewinn aus, da eine endliche Größe immer nur einen unendlich kleinen Bruchteil einer unendlichen Größe ausmacht. Gott schuf, wie Schopenhauer spöttisch bemerkt hat, den Menschen aus Nichts, obschon von seinem späteren Fall informiert (weil er allwissend ist), und stößt ihn dann seiner Sünden wegen in ewige Verdammnis: »Dieser arme Kerl aus Nichts, der doch wenigstens ein Anrecht auf sein ursprüngliches Nichts hat, welche letzte retraite, die keinesfalls sehr übel seyn kann, ihm doch von Rechts wegen als sein angeerbtes Eigenthum gesichert bleiben sollte«*. Geben wir jedoch loyalerweise zu, daß das oben skizzierte Bild sich aus dem Versuch ergibt, das menschliche Leben als ein Spiel zwischen Diesseits und Ewigkeit zu verstehen und im Rahmen der Spieltheorie formalisiert darzustellen; weil *ex contradicione* (genauso wie *ex falso*) *quodlibet,* kann man in diese Rekonstruktion Varianten einführen, welche die Spielregeln sympathischer erscheinen lassen, vom rein logischen Standpunkt aus aber stets vollkommen willkürlich bleiben.

Eine solide Abgrenzung des ontischen vom sozialen Element ist aber auch vom naturwissenschaftlichen Standpunkt aus schwierig, weil der Mensch ein Produkt sowohl der Natur

* A. Schopenhauer, Über Religion, *Werke,* 1908, Band 6, S. 393

als auch von gesellschaftlichen Einflüssen ist, und deshalb muß in der Abtrennung des existenziell Angeborenen vom soziogen Erworbenen eine Beliebigkeit stecken, die auch durch noch so große Erkenntniszuwächse nicht auszuschalten ist. Wir haben es hier mit einem bemerkenswerten Problem zu tun. Die Schwierigkeit der Unterscheidung, auf die wir hier stoßen, ist von der gleichen Art wie bei der Feststellung, wann genau der Tod bei einem Menschen eintritt, oder bei der Frage, was bei einem Lebewesen durch Vererbung und was durch die Umgebung verursacht ist. Es handelt sich um zwei qualitativ verschiedene Schwierigkeiten, die in unterschiedlicher Weise in das Paradoxon des Kahlen verwickelt sind. Die erste Schwierigkeit besteht darin, daß der Tod zwar ein Zustand, das Sterben aber ein Prozeß ist, der sich in einer jeglicher Beliebigkeit entbehrenden Weise über einen gewissen Zeitraum erstreckt, so daß man außer auf dem Wege der Übereinkunft nicht sagen kann, wann genau die Agonie in den unwiderruflichen Tod übergeht (zu einem brennenden Problem wurde diese Diagnose im Zusammenhang mit der Übertragung von Organen Verstorbener). Wer sich eine definitive Abgrenzung von Leben und Tod von der medizinischen Empirie erhofft, wird darauf vergeblich warten. Eine gewisse Zeit nach der Agonie kann man mit völliger Gewißheit den Tod erklären, aber dann ist auch schon nahezu kein Organ mehr transplantationsfähig, weil irreversible Veränderungen eingetreten sind. Bei einer Agonie kann man selbst dort, wo sie in den Tod des Gesamtorganismus übergeht, ohne einen aktiven Beitrag zur Feststellung des Todes nicht auskommen – einen Beitrag, der normativer Natur sein muß und daher von der gesamten Kultur und nicht allein von der Empirie bestimmt wird.

Das Milieubedingte und das Erbliche an den Eigenschaften des Organismus stellt wiederum nur scheinbar zwei Komponenten eines Parallelogramms von Kräften (Prozessen) dar, deren Resultante der reife Organismus (Phänotyp) ist. Innerhalb der Entwicklung von der Eizelle bis zum reifen Organismus lassen sich im Grunde unendlich viele derartige »Parallelogramme« unterscheiden, da sie jeweils zu Bestandteilen weiterer Parallelogramme werden, wobei diese wechselseitige Abhängigkeit *rückwirkend* auftritt. Das Gen legt eine gewisse *Möglichkeit* der Merkmalsausprägung fest, die durch eine gewisse milieu-eigene *Möglichkeit* realisiert wird, und beide Gruppen von Chancen legen zusammen das Intervall der phänotypischen Variabilität des Organismus fest. Der Genotyp ist zu Beginn der Entwicklung nur virtuell determiniert; das Milieu ist für ihn zugleich Protagonist und Antagonist, kurz, auch hier haben wir es mit einem Spiel zu tun, und die Frage, von welchem Spieler die definitive Gestalt des Spiels abhängt, ist genauso sinnvoll wie die Frage, welches Bein – das linke oder das rechte – definitiv den Gang bestimmt. Die heutige Biologie gibt im Grunde weder den Präformationisten noch den Epigenetikern Recht; die Frage ist falsch gestellt und die Alternative fiktiv, und deshalb ist auch die in konkreten Fällen mögliche probabilistische Abgrenzung des Erblichen vom Erworbenen ein nicht-algorithmisierbares Problem. Es handelt sich also um ein Problem, für das es keine allgemeine Lösung gibt. Nun birgt aber das Problem der Abgrenzung des Ontischen vom Sozialen *beide* der erwähnten Schwierigkeiten, da das Leben des Menschen zugleich ein biologisches und ein soziales ist; eine analoge Verschmelzung ist in seiner Umgebung zu beobachten, die sowohl dinghafter (gegenständlicher) als auch kultureller Natur ist. Eine Kultur ohne irgendwelche Dinge (Gegenstände) ist unmöglich, und unmöglich ist ein Organismus ohne Umwelt, doch aus all diesen Unmöglichkeiten folgt durchaus nicht, daß man überhaupt keine Abgrenzung vornehmen kann. Man kann das sehr wohl, und man hat es unzählige Male getan. Solche Abgrenzungen sind aber – und darauf kommt es an – nie empirisch beweisbar, und das ist höchstwahrscheinlich kein vorübergehender Zustand. Während aber die Kultur in der Frage der Feststellung des Todes und in einer Unzahl ähnlicher Fragen über ein ihr untergeordnetes Teilproblem zu urteilen hat und urteilen kann, verlangt die Abgrenzung des Ontischen vom Sozialen zu allem Unglück ein Urteil der Kultur *über sie selbst.* In solchen Fällen tut sich vor uns die Hölle des Paradoxen auf. Nicht einmal die Entdeckung einer beliebig großen Zahl von stellaren Rassen und die Entstehung einer vergleichenden

Astroethnologie hilft uns aus dieser Klemme. Wenn man die physisch-organischen und zivilisatorischen Leistungen derartiger Rassen kennt, kann man anhand einer Gruppe von Parametern, die man als Kriterien wählt, Diagramme anlegen, in denen der Menschheit ein bestimmter Ort zukommt. Solche Vergleiche würden uns etwas – vielleicht sogar viel – über die ihm Rahmen des Kosmos typischen und optimalen Strategien eines vernünftigen Überlebens sagen, über die Abhängigkeit der Systemstrukturen von den biologischen Strukturen der Individuen, über den Ausnahmecharakter (die Singularität) von krisenhaften Schwellen der zivilisatorischen Entwicklung oder gerade über die typische Regelhaftigkeit und damit vielleicht über den Homöomorphismus solcher Schwellen; schließlich könnten wir erfahren, ob Prozesse der Autoevolution (bei denen die Vernunft der Natur die Steuerung der Vererbung abnimmt) in Zivilisationen mit langer Entwicklungszeit eine typische Erscheinung sind usw. usw. Doch selbst aus einem solchen enzyklopädischen Wissen ergibt sich nicht automatisch die erwünschte Abgrenzung. Das Ontische ist schließlich der Empirie nicht zugänglich, und das empirisch Feststellbare ist nicht ontisch. Höchstenfalls werden wir dereinst von besser Informierten erfahren, daß wir einem Wunschbild nachgejagt sind. Ich gestehe, daß mich ein solches Urteil durchaus nicht wundern würde. Gleichwohl ist und bleibt dies für uns eine vitale und brennende Frage, und das ist schon Grund genug, sich mit ihr zu befassen.

Die Antiutopie ist eine sehr viel spätere Erscheinung als das Märchen und die Utopie. Dieses Kind unseres Jahrhunderts kam innerhalb der phantastischen Literatur zur Welt, die einen ellenlangen Katalog der Höllen erstellte, welche einer jeglichen (und nicht nur irdischen) Gesellschaft sei es durch »Selbststrangulation« (z. B. die Erdrosselung durch die Tyrannei einer kybernetischen Polizei), sei es durch die Aggression einer fremden Zivilisation, sei es schließlich durch elementare Naturkräfte, also durch den Kosmos selbst bereitet werden können. Der Parteilichkeit des universellen Guten entspricht in der Antiutopie eine Parteilichkeit des universellen Bösen, die ein Magnet zu sein scheint, der die soziologische Phantasie unwiderstehlich anzieht. Und auch hier kann ein Versuch, die ontischen Ursachen des Elends von den gesellschaftlichen zu unterscheiden, nur vergeblich sein. Die Literatur ist sich darüber unschlüssig, da sie sich nicht einmal der *Existenz* dieses Abgrenzungsproblems bewußt ist (wir sagten, daß es nicht empirisch zu lösen ist, daß es aber von der Kultur entschieden werden kann, und innerhalb dieser ist die Literatur dazu berufen, sich der Sache anzunehmen). Das Böse wird in der modernen Antiutopie gewöhnlich unvoreingenommen dargestellt. Häufig ist es nicht ein Resultat von ausbeuterischen Einstellungen, von Machtkämpfen oder Klassenantagonismen, sondern es ist unanzweifelbar gegeben wie ein Axiom, als ein schicksalhafter Dauerzustand, denn es gibt weder gesellschaftliche Kräfte noch Mittel, die dem Bösen entgegenwirken können. Der Inhalt der Antiutopie besteht gewöhnlich in der Darstellung einer noch weiter gehenden Verschlechterung, einer Steigerung des Grauens des gesamten Daseins, so als sollte der Beweis erbracht werden, daß das in der Utopie beschworene Gute nur im Endlichen kulminieren kann, während der Expansion des Bösen keine Grenzen gezogen sind. Man muß zugeben, daß die Antiutopie heute in den düsteren futurologischen Visionen einer sich durch exponentielles Wachstum selbst erstickenden Zivilisation Nahrung findet.

II

Unsere logische, ahistorische Rekonstruktion trägt nicht den riesigen zeitlichen Abständen Rechnung, in denen die einzelnen »Welten mit einer Intention« entstanden sind. Auffällig ist, daß sie unter der Rubrik des Antimärchens eine Lücke hat, weil es in den Volkstraditionen eine solche Gattung nie gegeben hat. Trotzdem können wir ganz genau deren Merkmale angeben, und zwar auf der Grundlage von *Nachbarschaftsverhältnissen.* Die Welt des Antimärchens muß parteilich gegenüber den Individuen sein, am schlimmsten ergeht es in ihr den Besten, so daß die Summe von Gut und Böse gleichfalls – wie im Märchen – konstant ist, nur daß sie umgekehrt verteilt ist: das Gute wird bestraft und das Böse belohnt. Es gibt keine siegreichen Strategien für die Redlichen, wohingegen sämtliche schurkischen Strategien optimal sind. Die Auszahlungsfunktion ist die Funktion einer umgekehrten Ethik: $F_a = f(\frac{1}{e})$. Die Summe des Spiels muß auch hier Null sein, da die Niederlage der Tugend dem Sieg des Lasters gleichkommt. Allerdings taucht die Frage auf, worin der Spieleinsatz besteht, welches die Strategien des Spiels sein müssen und was für eine Verteilung sich bei der Auszahlungsfunktion feststellen läßt.

Das Angenehme erfährt man im Märchen erst am Schluß, denn es ist nicht angenehm, im Käfig des Zauberers oder im Bauch des Wolfs zu sitzen und mit einem abscheulichen Ungeheuer zu kämpfen. Man tut das, weil man dazu gezwungen ist oder aus Selbstverleugnung, denn vorübergehend erliegt der Redliche, aber Schwache dem Bösen, und der starke Held eilt ihm aus höheren Antrieben zu Hilfe. Doch das Quälen von Waisenkindern oder ein Ausflug auf dem Rücken Sindbads *muß* angenehm sein – anderenfalls wären solche Handlungen nicht zu erklären. Weil man also anderen um ihres Wohls willen hilft, ihnen aber um des eigenen willen Pein bereitet, ist die Verteilung der Auszahlungsfunktion im Antimärchen eine andere. Das Märchen schiebt die Belohnung für erwiesene Güte hinaus; das Antimärchen prämiiert das Böse unverzüglich, noch während es verübt wird, weil das Leiden anderer dem Helden Freude macht. Dadurch verändert sich der Spielverlauf. Das Märchen beginnt gewöhnlich mit einem Angriff des Bösen, das den bei der Eröffnung bestehenden Zustand zerstört, und das Spiel geht um dessen Wiederherstellung – mit einer eventuellen Zugabe. Das Gute führt seinen Gegenangriff nicht um der eigenen Satisfaktion willen, sondern aus Notwendigkeit, und sein Sieg ist natürlich insofern endgültig, als er einen unübertrefflichen Glückszustand herbeiführt. Der Spieleinsatz besteht im Märchen im Glück der Redlichen, welches die Frevler ihnen zu entreißen versuchen. Diese Formel ist jedoch allzu vage. Das Märchen kennt drei typische Spieleröffnungen: der anfängliche Zustand ist entweder vollkommen, verschlechtert sich jedoch, oder er ist verheerend, erfährt dann aber eine (häufig abgestufte) Verbesserung, oder er ist »eingermaßen erträglich« und verbessert sich dann zum Schluß doch ein wenig. Als Beispiele für diese drei Eröffnungen könnte man nennen: das Märchen von der schlafenden Königstochter, in deren Reich es einem vorzüglich geht, bis die böse Fee an die Wiege der Prinzessin tritt; Märchen über Drachen, die von Anfang an Grauen erregen; und schließlich Märchen wie Hänsel und Gretel oder Rotkäppchen, in denen der Anfangszustand wiederhergestellt wird – die Kinder kehren heil aus dem Hexenhäuschen oder aus dem Bauch des Wolfs zurück, eventuell noch mit Trophäen bereichert. Die Strategie ist folglich immer offensiv. In vielen Märchen stecken sozusagen »verschachtelt« »Unterspiele«, bei denen die Tüchtigkeit des Helden unter wachsenden Schwierigkeitsgraden getestet wird. Der Held muß, um den eigentlichen Lohn (die Hand der Prinzessin, den Thron) zu erlangen, eine Reihe von Hindernissen überwinden, von denen zumindest einige eine Verkörperung des Bösen sind, das es zu besiegen gilt (paradigmatisch hierfür ist der Mythos von den Leistungen des Herkules). In dieser Untermenge von Märchen greift das Böse den Helden nicht frontal an, sondern es wartet auf eine Herausforderung. Jedenfalls muß der Held bei der Bewältigung des ihm gestellten Problems nie selbst etwas Böses anrichten. Die Welt des Märchens ist daher entweder ein Homöostat, der den anfänglichen Zustand durch dessen Wiederherstellung vervollkommnet, oder ein labyrinthischer Automat, der allein den tugendhaften Helden mit dem Hauptgewinn bedenkt. Ein schlechter Zustand ist im Märchen vor allem etwas, das es *abzuschaffen* gilt. Man könnte sagen, daß er ein *erzählerisches* Erfordernis darstellt, während er jedoch keine grundlegende ontische Qualität der Märchenwelt ist. Diese Qualität kommt hingegen der vollkommenen Harmonie als dem Glückszustand zu, und wenn man die Märchenhelden fragen würde, was sie nie jemand gefragt hat, nämlich, ob sie es nicht vorziehen würden, auf Anhieb in dieser Harmonie zu leben und das Glück zu erlangen, ohne Hindernisse bewältigen zu müssen, dann würde ihre Antwort unweigerlich positiv sein. Es ist nicht angenehm, im Bauch des Wolfs zu sitzen oder in einen Stein verwandelt zu sein – angenehmer ist es, gar nicht auf einen Wolf oder einen Zauberer zu stoßen und ohne Verzug den Prinzen oder die Prinzessin zu heiraten.

Im Märchen treten redliche Helden von zweierlei Art auf: schwache, wie etwa Waisen, Kinder und Prinzessinnen zum Entführen und Verzaubern, sowie starke, die den ersteren zu Hilfe eilen. (Die Starken stoßen bisweilen auf wohlgesonnene Ratgeber, aber auch auf Verbündete des Bösen.) Es kommt vor, daß die Starken zunächst – aber nicht ausschließlich – sich selber helfen (das schlaue Bürschlein, der kleine Däumling). Wenn die Attacken des Bösen nicht wären, ginge es den Helden der ersten Art durchaus gut, während die der zweiten Art nichts zu tun hätten. Es gäbe dann zwar nichts zu erzählen, doch die Bedingungen einer guten Welt wären erfüllt: deshalb sagte ich, daß das erzählerische Erfordernis sich nicht mit dem ontischen deckt. Nun läßt sich ein Standardmodell des Antimärchens nicht durch einfache Inversion der Märchen-Parameter gewinnen, weil die Funktionen des Guten und des Bösen im Märchen nicht symmetrisch sind. Das Gute ist ohne das Böse möglich, doch das Böse kann ohne das Gute nicht existieren, weil es von ihm lebt. Das Gute geht gegen das Böse als eine Störung an, um sich definitiv zu behaupten, und während dieser Auseinandersetzung vervollkommnet es sich noch weiter, bis es einen optimalen Zustand erreicht, der das Spiel mit logischer Notwendigkeit beschließt. Denn wenn Harmonie herrscht, kann nichts Besseres mehr kommen. Eine Umkehrung dieser Beziehung enthüllt deren Asymmetrie. Wenn wir annehmen, daß das Böse das Gute als eine Störung bekämpft, so muß erklärt werden, wobei jenes Gute es eigentlich stört. Das vermag niemand zu sagen. So formuliert, läßt sich die Frage überhaupt nicht beantworten, weil das Gute für das Böse nicht ein störender, sondern ein konstitutiver Faktor ist. Und zwar in ontischer und nicht nur in erzählerischer Hinsicht konstitutiv. Das ist unschwer daran zu erkennen, daß die symmetrische Abbildung der Wendung, mit der die Märchen gewöhnlich enden: »und von da an lebten sie lange und glücklich«, keinen logischen Abschluß des Antimärchens ergibt. Es kann schließlich nicht darum gehen, daß dessen Helden kurz und unglücklich leben! Der Unterschied besteht darin, daß die Harmonie unübertrefflich sein kann, daß es aber so etwas wie eine ideale Disharmonie ebenso wenig gibt wie ein unüberbietbares Unglück. Im Gegensatz zum Guten genügt das Böse nicht sich selbst. Dadurch ändert sich sowohl der Inhalt des Spiels als auch dessen Strategien und die Rollen der einzelnen Figuren. Das brave Kind gibt der Bettlerin ein Almosen und errettet das Fröschlein aus der Knechtschaft. Wenn das böse Kind das Almosen verweigert und das Fröschlein zertritt, ist die Handlung unterbrochen, denn die um Unterstützung bittet, ist die verkleidete Fee, und das Fröschlein sollte für seine Rettung Wünsche erfüllen. Daher muß die Rolle der Schwachen im Antimärchen auch eine andere sein: sie werden den Starken unterliegen, denn diese Welt unterstützt nicht die Schwäche. Auch die ganzen Spielabläufe müssen verschieden sein. Im Märchen geht es den Helden zunächst einigermaßen, dann schlechter und am Ende ausgezeichnet. Im Antimärchen dagegen nimmt das Böse *unaufhörlich* zu. In der logischen Rekonstruktion ist seine Welt eine offene Welt, d. h. eine Welt, in der es nur ein endloses Spiel geben kann. In ihr muß das Böse das Gute vernichten, und wenn es in seiner Umgebung das Gute ausgerottet hat, dann hört es nicht mit der Vernichtung auf, weil es irgendeine Sättigung erreicht hätte, sondern weil es nichts mehr hat, wovon es sich ernähren könnte. Der Unterschied ist der zwischen dem Gleichgewicht der Harmonie und dem Gleichgewicht einer Brandstätte, die nur deshalb erloschen ist, weil das Feuer alle brennbaren Stoffe verschlungen hat. Sobald nur etwas Brennbares auftaucht, wird das Feuer sich weiter ausbreiten. Die wohlwollend parteiliche Welt zielt also auf Vollkommenheit ab und bleibt bei ihr stehen. Die feindselige Welt kann in dem ihr eigentümlichen Lauf nicht auf eine Weise innehalten, die sich logisch aus ihrer obersten Direktive ergäbe. Es ist dies ein ontisches und nicht nur ein erzählerisches Handikap. Der Nullsummencharakter des Antimärchen-Spiels ist daher in einem besonderen Sinne zu verstehen. Er bedeutet, daß es im Antimärchen ebenso viel Böses wie Gutes geben muß – aus dem gleichen Grund, aus dem es nur soviel Feuer geben kann, wie brennbare Stoffe vorhanden sind. Natürlich kann durch Zufall immer der

Brennstoff ausgehen; daher muß die feindselige Welt sich – ihren Schurken – Gutes zuführen. Dem ließe sich entgegenhalten, daß schließlich auch die Welt des Märchens ihren redlichen Bewohnern insgeheim Böses zuführt. Das stimmt, aber es liegt, wie wir gezeigt haben, an einer erzählerischen und nicht an einer grundsätzlichen Notwendigkeit. Die gute Welt kommt ohne das Böse aus, *auch wenn es dann keine Märchen mehr gibt; als einen Zustand* kann man sie sich gleichwohl logisch vorstellen. Die böse Welt ist dagegen existenziell darauf angewiesen, daß das Gute in ihr vorkommt: sie kann ohne es überhaupt nicht anders existieren denn als ein Schlachtfeld voller Verwesung, mit einem letzten Antihelden, der sich als räuberischer denn alle anderen erwies und sie deshalb bezwang. Nun werden wir aber, selbst wenn wir uns eine solche Situation vorzustellen vermögen, auf keinen Fall sagen können, daß jener Held sich herrlich fühlen und von da an lange und glücklich leben wird. Die Absurdität dieser Formulierung ist unübersehbar. Jener Held wird alles in seiner Macht Stehende tun, um weitere Opfer zu finden, und wenn er sie nicht findet, bleibt ihm nichts als ein Zustand erbitterter Unbefriedigtheit, weil er nicht das tun kann, wozu er geschaffen wurde! Der endgültige Triumph des Antihelden kann daher nicht gleichbedeutend sein mit seinem Glück. Damit erhalten wir eine Antwort auf die Frage nach der Verteilung des Glücks beim Spiel des Antimärchens. Während im Märchen um ein bis zur Schlußauseinandersetzung *vertagtes* Glück gespielt wird, das dort zur Auszahlung gelangt, kann im Antimärchen das Glück nur im Unglück anderer bestehen, und daher hört das Glück auf, wenn das Unglück verschwindet. In den Strukturen des Spiels tritt somit ein unaufhebbarer Widerspruch zutage. Das Futter des Drachens sind Jungfrauen, doch wenn er sie alle auffrißt, krepiert er an Hunger. Der Hexe macht es Spaß, Ritter in Steine zu verwandeln, aber wenn sie alle verhext, wird sie sich wohl umschulen lassen müssen. Wenn das Königreich in ewigen Schlaf versinkt, wird auch die böse Fee nichts mehr zu tun haben. Man könnte natürlich das Antimärchen retten, indem man nach einer Gruppe von nicht ganz so radikalen Spielstrukturen sucht, beispielsweise, indem man böse und zugleich schwache Gestalten als Helden wählt. Solche Gestalten sind nicht bestrebt, die Guten zu *vernichten,* sondern nur, sie zu *quälen.* Doch auch in diesem Fall muß es wieder zu einer Eskalation der Taten kommen – oder dazu, daß sie aufgegeben werden. Die Eskalation führt uns erneut zum Zustand der Unbefriedigtheit, während das Aufgeben einer besonderen Erklärung bedarf. Sollte der Antiheld vielleicht von dem bereits angerichteten Übel befriedigt sein? Ist er es etwa schon leid? Das wäre sehr schlecht, denn damit geriete er in Widerspruch zu der sein Dasein und Tun beherrschenden Welt! Das ist nicht logisch. Ein schwacher, aber böser Held erweist sich in der Welt des Antimärchens als unzulänglich. In der Märchenwelt gerät der Schwache deshalb in die Klemme, damit die Starken und Redlichen ihm zu Hilfe eilen können (der Prinz zieht gegen den Drachen bzw. gegen den Zauberer zu Felde, er befreit das im Schlaf versunkene Schloß von seinem Zauber, er tötet den Wolf, der die Großmutter verschlungen hat). Sollte etwa ein starker, aber böser Held einen redlichen Schwächling unterstützen? Wieso eigentlich? Wie käme er darauf? Ist Beelzebub etwa gut zu Satan, schenkt er ihm vielleicht sein letztes Hemd und opfert sich für ihn? Über die Soziologie der Hölle weiß man, soweit es um die Ethik der Teufel *untereinander* und nicht im Verhältnis zu den Verdammten geht, im Grunde nichts. Hier müssen wir uns schon selbst etwas einfallen lassen. Denkbar, daß der starke Böse dem kleinen Spitzbuben seine Hand leiht, aber nur bis zu einem gewissen Punkt. Erweist sich die Hilfe als nutzlos, dann wird er sich auch über ihn hermachen. So verlangt es der oberste Grundsatz der *universalen Unfreundlichkeit.* Auch möglich, daß es zu Koalitionen zwischen den Bösen kommt, doch werden sie ständig vom Verrat bedroht sein. Natürlich kann man auch in diesem Fall versuchen, die Absolutheit dieser Direktive abzuschwächen, indem man etwa anführt, daß es einer Koalition von Bösen leichter fallen wird, mit dem Guten fertig zu werden, und daß selbst eine extrem egoistische Berechnung sie zur Solidarität zwingt. Gewiß, gewiß. Wenn jedoch das Spiel mit der Vernichtung der Tugend endet, muß die Koalition zerfallen, denn sonst bliebe ihr nichts anderes übrig, als sich in einen Verein von Pensionisten des Verbrechens oder in eine Gesellschaft zur gegenseitigen Bewunderung zu verwandeln. Das starke Böse muß dem schwächeren früher oder später an die Gurgel fahren, und wer als Verfasser eines Antimärchens anders entschiede, geriete in Widerspruch zu der ihm eigentümlichen Logik des Geschehens. Aus dem Widerspruch, den das Antimärchen aufrichtet, gibt es, wie wir sehen, keinen Ausweg. Dieses einigermaßen überraschende Resultat unserer Analyse spricht dafür, mit ihr fortzufahren. Die Spielstrategien sind, wie wir gezeigt haben, im Märchen hauptsächlich auf *Rettung,* im Antimärchen dagegen auf *Verfolgung* angelegt. Das folgt aus der Asymmetrie der Beziehungen zwischen dem Guten und dem Bösen. Untersuchen wir zunächst, welchen Einfluß die Nachbarschaftsbeziehungen zur Antiutopie auf das Antimärchen haben. Sind nicht beide schlicht miteinander identisch? Schließlich haben wir hier wie dort – eingeschlossen in eine feindliche Welt – Quäler und Gequälte. Ist aber das Unglück der Gequälten wirklich das Glück ihrer Herren? Keineswegs; bestenfalls läßt sich in der Antiutopie eine Ungleichmäßigkeit der Verteilung des allgemeinen Elends feststellen. Wie Golo Mann in seiner Geschichte Deutschlands im 20. Jahrhundert zutreffend bemerkt hat, war die Sättigung, die der »Herrenrasse« unter Hitler vergönnt war, als das Dritte Reich sich vom Atlantik bis zum Kaukasus erstreckte, ein wahres Elend im Vergleich zu der Sattheit der heutigen Bundesbürger, obwohl Deutschland damals jenen »Lebensraum« besaß, von dem ihm heute nicht ein Fußbreit geblieben ist. Nicht anders verhält es sich in der literarischen Antiutopie, etwa der Orwells, denn den Mächtigen geht es zwar besser als den Unterworfenen, aber durchaus nicht gut. In permanenter Ungewißheit über ihre Position, die sie unter ständiger Aufbietung aller Kräfte behaupten müssen, in gegenseitige Intrigen verwickelt, sind sie aufeinander angewiesen und einander ausgeliefert, wenn nicht gewissenlose Menschen, die in der Hierarchie unter ihnen stehen und zum Verrat bereit sind, sobald er ihnen einen Vorteil verspricht, die Tyrannei einer unbekümmerten Elite errichten sollen. Während die »klassische« Tyrannei vergangener Jahrhunderte eine auch ohne äußere Intervention *reversibel* versklavte Gesellschaft ist, da der Tyrann über Staat und Gesetz steht und sein Tod oder seine Niederlage das Ende der gesamten Tyrannei bedeuten kann, ist das in der Antiutopie von heute nicht mehr der Fall. Ihre Struktur funktioniert nach dem Prinzip der sich automatisch schließenden Falle, und daher dominiert sie gegenüber allen in ihr Lebenden, wenn auch nicht durchgängig in der gleichen Weise. In einer solchen Antiutopie kann die Herrschaft vortrefflich von einem logischen Computer ausgeübt werden, genauso aber von einer Handvoll von unpersönlichen Oligarchen, wobei dieser Unterschied insofern keine Rolle spielt, als es nicht irgendwelche Individuen sind, die die gesamten sozialen Strukturen programmieren, sondern vielmehr das übergeordnete Programm sich die Herrschenden samt den Beherrschten nach und nach unterworfen hat. Niemand hat im einzelnen diesen Zustand gewollt, denn er liegt, wenn er seinen Höhepunkt erreicht, in niemandes Interesse, weil das, was da entstanden ist, eine merkwürdige Hölle darstellt, in der weder die Verdammten vor den Teufeln Ruhe haben noch die Teufel vor den Verdammten! Wenn es dazu gekommen ist, daß die individuellen Absichten und die sozialen Gesetzmäßigkeiten des Systems ganz und gar voneinander abweichen, dann liegt das am Gradienten der Technoevolution, oder es liegt an einer Häresie, die von der ursprünglichen Doktrin abwich, in der die Zukunft als Utopie dargestellt wurde, oder es liegt schließlich daran, daß eine feindselig-parteiliche Welt den Menschen ein falsches Glücksrezept anbot – kurz, es findet nicht das Spiel statt, zu dem man sich einst niedergelassen hat, sondern genau dessen alptraumhafte Umkehrung. Heute sind sich die Autoren von Antiutopien nämlich darüber einig, daß Gesellschaften den Weg zu jenen sakralen Stätten der Zukunft aus freien Stücken antreten, ja sogar voller Enthusiasmus, schwelgend in Wunschbildern allseitiger Fortschritte, namentlich technischer und wissenschaftlicher. (Daher rührt auch, nebenbei gesagt, die für die heutige Antiutopie oder vielmehr für ihre Autoren typische Gleichsetzung der technischen Zivilisation mit einer Entwicklung, die automatisch ins Verderben führt.) Die Antiutopie ist deshalb – mit einem Wort – ein Gefängnis und ein Schafott menschlicher

Hoffnungen, und etwas Glanzvolleres als die Stellung des Aufsehers und Henkers ist in ihr nicht zu erreichen. Daher deckt sich das Märchen auch nicht einmal abschnittweise mit der Antiutopie, denn in dieser ist niemand frei. Allerdings werden sich die Helden des Antimärchens genauso souverän und ohne äußeren Druck für das Böse entscheiden, wie die Helden des Märchens das Gute wählen.

Das Böse ist in der Antiutopie etwas Verwaschenes, Unpersönliches, denn es wird eher durch die Verhältnisse zwischen den Menschen wirksam als durch sie selbst. Einschlägiges berichtet Hanna Arendt in ihrem Buch »Eichmann or the Banality of Evil«, wo sie die banale Farblosigkeit des Funktionärs des Verbrechens im Totalitarismus dokumentiert. In der Antiutopie wird das Böse institutionalisiert und dadurch zu etwas anderem als das Böse, das – gemäß den Bedingungen logischer Entsprechung zum Märchen – im Antimärchen zuhause sein muß. Im Märchen sind ja die Tugenden wie die Untugenden gleichermaßen »privat«: jeder handelt dort gemäß dem, *wie er ist*, nicht aber gemäß dem, *was ihm aufgetragen wurde*. Allein das schon macht den Teufel, so sehr er auch die Verköperung des Bösen sein mag, ungeeignet zur Hauptperson des Antimärchens, denn die ist ein Profi, ein Beauftragter der höllischen Institution, der im Akkord arbeitet (je mehr Seelen von Verdammten er auf seinem Konto hat, um so größere Verdienste erwirbt er sich bei der Führung), eher aus Pflicht als aus Begeisterung. Überdies verlockt der Teufel zu Bösem, das für ihn eher ein Mittel als ein Ziel ist, denn er tut es nicht um seiner unmittelbaren Befriedigung willen, sondern um durch die Mehrung der Summe des Bösen in der Welt Gott zu ärgern.

Wir haben festgestellt, daß die Welt des Antimärchens ewig dem unerreichbaren Ideal des vollendeten Bösen nachjagen muß. Wenn es in ihr an Gutem gebricht, bleibt die Feindseligkeit ohne Adressaten und hat nichts zu tun. Allerdings bedeutet diese Arbeitslosigkeit für das Böse nicht einen ihm entsprechenden Beglückungszustand. Vielleicht sollte das Gute sich dem Bösen fügen und zu seinem Glauben übergehen? Aber diese Ausflucht verschlimmert noch die

Lage, indem sie das Heraufziehen der Arbeitslosigkeit des Verbrechens beschleunigt! Ob es da gar keine Abhilfe gibt? Doch, es gibt eine – das Wunder. Die Opfer müssen von den Toten auferstehen. Immer wieder muß die verlorene Tugend wie Phönix aus der Asche neu erstehen. Anstelle von Exponenten unendlicher Zuwächse erhalten wir einen Kreis. Das Ende des Antimärchens wird zu seinem Anfang. Die Hingeschlachteten stehen auf, und die Schergen machen sich erneut über sie her. Aber auch damit sind die gestellten Bedingungen nicht erfüllt. Es geht hier nicht um das Wunder der Auferstehung, denn da es im Märchen vorkommt, hat das Antimärchen ebenso gut ein Recht darauf. Der Widerspruch, von dem wir uns befreien wollten, kehrt jedoch in anderer Gestalt zurück. Wie denn – sie vernichten die Tugend, und dann erhebt sie sich wieder von den Toten? Ist das nicht ein Triumph für *sie?* Das Antimärchen kann nicht aufhören, solange sich noch irgendwelche Überreste des Guten in ihm herumtreiben, aber der endgültige Sieg des Bösen kommt der Aufhebung seiner Daseinsberechtigung gleich. Wenn die Opfer auferstehen, kommen die Bösen in die Situation des Sisyphus. Eine »negative« Eskalation – nachdem sie unter sich sind, fahren immer schrecklichere Ungeheuer einander an die Gurgel – erledigt das Problem auch nicht, weil sie keinen Abschluß der Auseinandersetzung zuläßt. Es gibt keinen Ausweg aus diesem Kreis. Die bislang entdeckten Merkmale des Antimärchens machen deutlich, worin es sich vom Märchen, der Utopie und der Antiutopie unterscheiden muß. Diese Unterschiede, die sich in einer Veränderung der Spielregeln, des Spielinhalts und der Verteilung der Auszahlungsfunktion sowie in der Ersetzung von Rettungs- durch Verfolgungsstrategien äußern, machen die Paradoxien in der Struktur des Antimärchens aus, von denen die größte darin besteht, daß der Triumph des Bösen seine Niederlage nach sich zieht. Das Glück der Bösen kann kein Zustand, sondern nur ein kurzer Moment sein. Wo alle gut sind, geht es allen gut, doch wo alle nur noch böse sind, beginnt die Selbstvernichtung. Entweder muß das Böse nicht restlos konsequent sein und für seine Artverwandten Ausnahmen von der Regel universeller Bösartigkeit machen, was bedeutet, daß es nicht mehr böse ist, oder es endet, falls es völlig konsequent ist, mit einem Schlachtfeld, auf dem ein letztes einsames Ungeheuer sich die Wunden leckt, die es davongetragen hat. Selbst wenn man der Ansicht wäre, daß sich genau darin das Ideal des Bösen erfüllt, so liegt doch auf der Hand, daß dadurch niemand glücklich geworden ist – oder anders: entweder gibt es keinen Hauptgewinn, oder es gibt niemanden, der ihn empfangen könnte. Es geht darum, daß die Handlungsmotive der Märchengestalten – das fürsorgliche Wohlwollen der Guten oder die Mißgunst, Habgier und Treulosigkeit von Drachen und Hexen – durchaus nichts Phantastisches haben, und deshalb müssen die Handlungsmotive der Bösen im Antimärchen ebenso verständlich sein. Nur ein nachvollziehbarer, ganz individueller Grund läßt sie glaubhaft erscheinen, denn man fördert andere, wie schon gesagt, um ihres Wohles willen, doch schaden kann man ihnen nur um des eigenen Wohles willen. Ein Spiel aber, bei dem es um die Vernichtung aller Partner geht, produziert, je länger es dauert, um so weniger Glücksgefühle – und sei es auch ein düsteres Glück. Sein einziger – nachvollziehbarer – Antrieb wird also Schritt für Schritt beseitigt. Das Antimärchen errichtet somit eine Welt der Selbstvernichtung, deren Vollendung dort liegt, wo sie sich entvölkert, wo niemand mehr den endlich erreichten Höhepunkt genießen kann. Deshalb läßt sich in diesem Fall aus den Handlungen der Helden kein allgemeines Prinzip ableiten, da es keine Strategie gibt, die den siegreichen Bösen jenen Einsatz garantiert, um den sie spielen. Optimale Strategien sind hier geradezu pessimal, da sie rascher eine Situation herbeiführen, die dem Patt beim Schach entspricht. Die Direktive, freundlich zu sein, ist nämlich symmetrisch (»Sei du zu mir wie ich zu dir«), während die Direktive, bösartig zu sein, asymmetrisch ist, denn wer einem anderen den Tod gibt, wünscht ihn sich nicht selbst. Dieses logische Handikap muß sich in der Poetik des Antimärchens auswirken. Der Sieg der Utopie bedeutet, wie ich erinnern darf, die unablässige Auszahlung des Hauptgewinns an alle. Der Triumph des Antimärchens besteht darin, daß seine Helden verlieren. Die Poetik des Antimärchens muß daher wenigstens eine Lobrede auf das Böse enthalten, die dessen

Handlungsweise auch noch in der Schlußszene mit dem letzten Ungeheuer auf der Walstatt gerechtfertigt erscheinen läßt. Das wird nicht leicht fallen, denn obwohl die Weltgeschichte voll des Bösen ist, hat es sich doch nie auf sich selbst als letzte Rechtfertigung berufen. Böses wird entweder im Namen von etwas Gutem oder unter »schwarzem Patronat« verübt (z. B., um sich in die Gnade der Höllenmächte einzukaufen). Im geistigen Erbe der Menschheit findet sich keine Apologie des Bösen um seiner selbst willen, keine Lobrede, die es uneingeschränkt empfiehlt. Die Lobsänger der Gewalt, des Blutvergießens und der Erbarmungslosigkeit stellten stets nicht das Böse selbst, sondern einen anderen Wert (die Schönheit des Kampfes, die Privilegien einer Elite oder Projekte einer Welt, die verbessert würde durch die Ausschaltung jener Schwächlinge, die sich aus feigem Eigennutz auf Gleichheit und Humanität berufen) in den Mittelpunkt ihres Systems und machten so aus dem Bösen ein Mittel zum Zweck und nicht einen Zweck. So nimmt etwa in den Diatriben Nietzsches das Böse eine solche exzentrische Stellung ein. Die Welt des Antimärchens kann sich jedoch dieses Tricks nicht bedienen, weil sie dazu nicht berechtigt ist. Das Böse dieser Welt muß sich uns ohne jegliche Vorwände, Scheingründe und Lügen allein schon aufgrund der Symmetrieforderung in der gleichen offenen und geballten Form empfehlen wie das Gute im Märchen. Wie hier die Tugend, so hat dort die Untugend ihre eigene Begründung und Rechtfertigung zu sein. Sobald jedoch ein Lob des Bösen geäußert wird, das dieses in den Rang einer allgemeinen Direktive erheben will, muß es zu einer Lüge werden, da es den Widerspruch verheimlichen muß, den wir zwischen dem Inhalt des Spiels, nämlich der emotionalen Maximierung des Gewinns, und der faktischen Liquidierung genau der Spieler aufgedeckt haben, denen der Gewinn versprochen wurde. Als allgemeine Lebensdirektive ist das Böse deshalb nicht zu begründen, weil die Logik – und nicht allein das moralische Gebot – das nicht zuläßt.

Für die Poetik des Antimärchens ergeben sich aus diesem Sachverhalt zweierlei Konsequenzen. Die eine besteht darin, daß das Böse im Märchen für das Gute ein *Hindernis* darstellt und nicht eine Quelle emotionaler Befriedigung im Kampf. Nicht im Erschlagen des Drachens oder der Hexe besteht das Glück, sondern im Thron, der Hand der Prinzessin, der allgemeinen Glückseligkeit. Das Antimärchen vermag niemandem Glückseligkeit zu vermitteln. Während das Böse im Märchen ein Hindernis ist, das man beseitigt, über das man hinausgeht, gibt es im Antimärchen darüber hinaus nichts – nur eine flüchtige Empfindung, die mit dem Tod des Opfers vergeht. Da es hier außer solchen Empfindungen nichts gibt, wird man sie – unaufhebbare Folgerung der Tortur – in die Länge ziehen. Weil man aber auch mit dem Wort quälen kann, wird man hier die Folter sicherlich nicht schweigend ausüben.

Durch diese Intensivierung des Ablaufs der psychophysiologischen Vorgänge erfährt die Poetik des Antimärchens starke Abänderungen gegenüber dem Märchen. Das Phantastische dieser Welt, ihre fiktive Unwirklichkeit, muß mit der für sie kennzeichnenden Entsetzlichkeit des Verbrechens in Konflikt geraten, und man kann sich nur schwer vorstellen, daß in diesem Konflikt sui generis die phantastische Konvention *nicht* auf der Strecke bleibt. Das Antimärchen ist außerstande, auch nur eine Spur jener fiktiven Naivität und Unschuld aufrechtzuerhalten, welche die in den Märchen (etwa der Gebrüder Grimm) doch öfters vorkommenden Äußerungen von Grausamkeiten abmildert. Damit stoßen wir auf ein weiteres Paradoxon: die Atmosphäre des *Antimärchens* ist keine *märchenhafte,* und selbst das eindeutig Phantastische wird in der Rezeption wie ein blutiger Wahn oder ein Alptraum aufgenommen werden.

Die andere Konsequenz ist die, daß das Antimärchen zwischen einem Pitaval und einer Eigenparodie schwanken wird. Das Märchen ist eine völlig erstarrte, durch die Überlieferung vieler Generationen abgeschliffene Gattung, und so verwandelt die Erzählung, vorgetragen in geradezu liturgischen Kadenzen, in ihrer Reinheit die Tränen, das Blut und das Leid ebenso wie das Geflüster der Liebenden in konventionelle Figuren eines von unhörbarer Musik begleiteten Balletts, Figuren, die nicht allein durch ihr Eigenleben bewegt werden, weil hinter ihnen unzählige thematische

Varianten aufschimmern. Alles Neue, was im Märchen geschieht, ist doch nur eine Wiederholung, und niemand kann etwas wirklich zum ersten Mal, mit der ganzen echten Unbeholfenheit, die dazu gehört, erzählen. Unsere neue Gattung hat jedoch weder die Chance noch das Recht zu einer solchen Mäßigung. Um glaubhaft zu sein, muß sie ihre eigene Sprache reden. Damit geht sie ein ungeheures Risiko ein. Da die Logik des Bösen grundsätzlich weiter reicht als die Lust an ihm, weil es einer über das bloß persönliche Erleben hinausgehenden Begründung bedarf, kann es geschehen, daß der Antiheld schließlich in das bizarre Gegenteil von Askese und Selbstverleugnung verfällt, daß er, um seine Kommunion mit dem negativen Absolutum zu beweisen, über dem Wein defäzieren und statt mit der Königin mit einem Scheusal Unzucht treiben muß. Aber grenzt das in seiner Widerwärtigkeit nicht schon an unfreiwillige Komik? Wird man seine Absicht verstehen, zu einer solchen Monstrosität vorzustoßen, die durch ihre Kraßheit schon wieder zu invertierter Heiligkeit wird? Wie ist die schreckliche Blamage zu verhindern, wenn ihn dort, wo er verkündet, den Gipfel der Verkommenheit erreicht zu haben, statt des bleichen Entsetzens der Zuschauer deren homerisches Verachtungsgelächter erwartet? Vorträge über die »Theorie des Bösen« sind kein geeignetes Gegengift gegen den Spott. Gegen das Lachen, das die aus Bosheit geschaffene Welt unschädlich macht, gibt es kein anderes Antidotum als Blut. Frenetische Gemetzel rufen Zorn und Beschimpfungen hervor, und gerade das macht sich gut, denn Verwünschungen bestätigen die Ernsthaftigkeit des Werkes. Erst die Bluttaufe läßt die Gattung erstarken.

Auffällig ist, daß dieser unserer, schließlich ja rein logischen Rekonstruktion einer nie entstandenen Gattung das Werk des Marquis de Sade entspricht.

III

Einige Worte zur Erläuterung des obigen Versuchs. Meine Ausführungen hätten nicht die Funktion, die ich ihnen beimesse – nämlich in der Tabelle der Genres der Phantastik auf eine Leerstelle hinzuweisen, die sich mit den Schriften de Sades deckt –, wenn mir beim Schreiben genau das als Absicht vorgeschwebt hätte. Meine Absicht war jedoch eine andere. Obwohl ich es kenne, dachte ich nicht an das Werk de Sades, als ich daran ging, die Elemente der Phantastik unter der Ägide der Spieltheorie in Graphe zu parzellieren. Das ist mir nicht gelungen, da ich von der Diskretheit (quantenmäßige Diskontinuität) der Übergänge zwischen den einzelnen »Genres« ausging, doch erwies sich diese Annahme als falsch. Die Merkmale des in der Folklore unbekannten »Antimärchens« untersuchte ich in der Weise, wie es der Text ausweist, und erst ganz am Ende der Analyse sprang mir die Analogie zwischen dem »Antimärchen« und den Schriften de Sades ins Auge. Ich legte jedoch den unvollendeten Text fort und fügte erst jetzt die letzten zwei (hier: fünf – Anm. d. Übers.) Seiten hinzu, um ihn abzuschließen. Zu meiner anfänglichen Unkenntnis von der sachlichen Übereinstimmung konnte ich natürlich nicht mehr zurück. Gleichwohl erscheint mir die Sache publikationswürdig, denn meine Ausgangspositionen schnitten alles, was im Werk de Sades aus triebhaften Motiven hervorgeht, ab und individualisierten es derart drastisch, daß es unmöglich erscheint, die Gestalten dieses Werkes zu umreißen und dabei den Anteil, den die Sphäre der sexuellen Abweichungen oder allgemeiner der Erotik an ihm hatte, gänzlich außer acht zu lassen. Wie man sieht, besteht diese Möglichkeit durchaus.

Krakau, im Oktober 78

II

Nachwort zu Stefan Grabiński *Das Abstellgleis**

Interessant, aber nicht genügend erforscht scheint mir der Parallelismus der wissenschaftlichen und der unheimlichen Phantastik. Das Unterscheidungsmerkmal ist mechanisch einfach: Die erste setzt eine natürliche Erklärung der Geschehnisse voraus, die zweite hingegen eine übernatürliche. Unverständlich bleibt ihre Inferiorität auf dem Felde der Literatur, und zwar nicht nur eine aktuelle Inferiorität, sondern auch eine geschichtliche. Beide Arten hatten ihre großen Vertreter; H. G. Wells entspricht beim unheimlichen Thema Edgar Allan Poe. Die Werke beider Autoren sind bis heute nicht nur lebendig geblieben, wie wurden auch in vielfacher Hinsicht von den Nachfolgern *nicht übertroffen.* Wenn man sich jedoch – wegen des Buches, dem ich diesc Bemerkungen mitgebe – auf die *unheimliche* Belletristik konzentriert, läßt sich zunächst schwer erläutern, warum sie in unserem Jahrhundert ausschließlich *unterhaltende* Funktionen erfüllt. Die sich zuerst aufdrängende Meinung, die Zweifelhaftigkeit dieser Werke ergebe sich aus dem zweifelhaften Charakter der in ihnen dargestellten Erscheinungen, denn es gehe hier um allerlei Gespenster, Geister, unsaubere Kräfte usw., ist kategorisch abzulehnen. Gespenster, Geister, unsaubere Kräfte können wir ja in den größten Meisterwerken der Weltliteratur finden. Von Teufeln z. B. strotzt es geradezu in ihr (der Teufel der *Brüder Karamasow,* der Teufel in *Doktor Faustus*). Ich behaupte, es liegt nicht an der eigenen Phantastik der literarischen Objekte, sondern an dem Verhältnis des Autors, also auch des Werkes zu ihnen.

Was eigentlich sind die gespensterhaften Elemente, was ist die schwarze und die weiße Magie in der unheimlichen Geschichte? Worum geht es dem in ihre Sphäre eindringenden Helden? Um nichts anderes als um die Methoden wirkungsvollen Handelns. Dieser Held ist deshalb ein »unor-

* Suhrkamp Verlag Frankfurt am Main 1978 (st 478)

thodoxer Technologe«, der sich als theoretischer Basis seines Handelns der »jenseitigen« oder »höllischen« Energie bedient statt der chemischen oder thermischen, einer Beschwörung als »Zielvorrichtung« statt eines optischen oder elektromagnetischen Zielgerätes sowie einer spiritistischen oder auch schwarzkünstlerischen Einweihung statt technischer Studien. Und wenn – das kommt in diesen Geschichten oft vor – die begonnenen Handlungen enttäuschen oder zu entsetzlichen Gegenschlägen der dunklen Kräfte führen, haben wir es mit einer elementaren Katastrophe zu tun; ihr entspricht im Bereich der rationalen Techniken z. B. ein Gewitter, das mit seinen Blitzen das Stromnetz zerstört, oder eine Überschwemmung, die die Dämme wegspült.

Im Hinblick auf diese Eigenschaften ist die unheimliche Literatur dem Produktionsroman* eng verwandt. So wie es im Produktionsroman nicht um Probleme außerhalb der Fertigung geht, also auch nicht um Fragen zur Psychologie der Gestalten, so zählt in der unheimlichen Prosa nur die Darbietung bestimmter Handlungen und der sich in ihnen enthüllenden Fähigkeit oder Unfähigkeit. Der Unterschied besteht allein darin, daß die Darbietung der Zuckerfabriks- oder der Bautechnik den Leser weniger fesselt als die Darstellung der Zusammenstöße mit dem jenseitigen Element.

Im Grunde also kann es dem, der über die Literatur des Unheimlichen urteilt, gleichgültig sein, ob ihre zentralen Objekte existieren oder nicht existieren, da diese Prosa genauso wenig zu den authentischen menschlichen Dingen vorstieß wie der Produktionsroman. Um dasselbe etwas brutaler zu sagen: Der Beweis der Existenz von Gespenstern, Druden und Dämonen würde die Kläglichkeit der unheimlichen Gattung nicht um ein Haar aufbessern. Die Zuckerfabriken und Baustellen sind bestimmt real, doch das beeinflußt den Wert der Produktionsromane nicht. Mit einem Wort, die Frage nach der existentiellen Authentizität der übernatürlichen und übersinnlichen Kräfte gehört nicht zu den Fragen,

* Produktionsroman – 1949 in Polen eingeführter Begriff des sozialistischen Realismus; Thema dieser Bücher ist vor allem die Arbeit in den Produktionsbetrieben der Großindustrie. (Anm. d. Übers.)

die einen Literaturforscher vorrangig beschäftigen. Es ist nicht entscheidend, ob diese Wunderdinge außerhalb der Bücher existieren, sondern *welchen Gebrauch man von ihnen innerhalb der Bücher macht.*

Heute kollidieren die übernatürlichen Erscheinungen vor allem mit der *Wissenschaft* als der in der Welt enthüllten rationalen Ordnung. Ich wiederhole, sie kollidieren mit der *Wissenschaft*, also nicht unbedingt mit den Vermutungen einzelner *Wissenschaftler.* Begebt euch mit einer Weidengerte in das Labor von Laser-Physikern und sagt ihnen, ihr hättet aus der Gerte einen Laser-Strahler gemacht – man wird euch vor die Tür setzen. Kommt jedoch mit einer solchen Gerte als Wünschelrute, verkündet ihnen, ihr könntet durch einen Willensakt Autos anhalten und durch Gedanken Schlüssel und Messer verbiegen – sie werden euch eilfertig zu Versuchen einladen, deren Kontrollbedingungen nicht sie, sondern ihr festlegt. Ich habe mir das keineswegs ausgedacht, genau das ist kürzlich in England und Amerika geschehen, und der Umstand, daß ein geschickter Taschenspieler dasselbe vermag wie der Kandidat für Wundertaten (Uri Geller), hat die Angelegenheit keinesfalls erledigt. Zahlreiche Wissenschaftler haben ihm geglaubt, weil sie ihm glauben wollten. Die Eilfertigkeit, mit der sie dem Betrug erlagen, läßt sich nur durch das weltanschauliche Sättigungsdefizit dieser ebenso hochgradig wie schmalspurig spezialisierten und deswegen außerhalb ihres Faches eigentlich ratlosen Wissenschaftler erklären. Wie oberflächlich der Rationalismus dieser Fachleute ist, bezeugt der Eifer, mit dem sie bereit sind, sich seiner nach einer einzigen unheimlichen Darbietung zu entäußern. Natürlich ist das nicht eine Reaktion des gesamten wissenschaftlichen Milieus; ein Teil der Wissenschaftler nennt die Phänomene unerklärlich, ein Teil stellt ihre Realität in Frage, ein Teil schließlich versucht, sie rational zu »zähmen«.

Doch ist das nicht, wie man meinen könnte, ganz einfach ein Zusammenstoß der *Physik* mit der *Metaphysik.* Es ist zu beachten, daß diese Erscheinungen *heute* mit der Wissenschaft kollidieren, aber so war es nicht immer. Früher kollidierten sie mit dem *religiösen Glauben.* Also hatte nicht nur die Physik, sondern auch die Metaphysik (des systemhaften Glaubens) im »heimlichen Wissen« ihren Gegner. Hexereien, Verzauberung, Levitationen bereiteten den Theologen viel früher Sorgen als den Wissenschaftlern. Die Reaktionen beider waren sich recht ähnlich. Manche bemühten sich, die Sache irgendwie zu verschweigen, zu vertuschen, abzuschieben, zu verbannen, andere hingegen waren bereit, Versuche zur Zähmung dieser Erscheinungen vorzunehmen. Selbstverständlich muß der Versuch einer »Domestikation« dieser höhnischen Phänomene innerhalb der Physik anders aussehen als innerhalb der Metaphysik. In der Physik spricht man von Strahlungen, vom Ursachenmechanismus, von unbekannten Formen der Energie, in der theologischen Metaphysik von büßenden Seelen, teuflischen Ränken und ähnlichem.

Mithin bildet für uns nicht ihre *metaphysische Natur* das Wesen dieser Erscheinungen. Es ist vielmehr zu sehen in ihrer umstürzlerischen Tätigkeit gegen eine Ordnung, die sich im gegebenen historischen Augenblick als führend institutionalisiert hat.

Es ist wohl so – erst errichtet der Mensch mit größter Mühe eine Ordnung, und dann setzt er sie der Gefahr des Chaos aus. Erst tauscht er Ignoranz gegen Wissen, und dann ist er bereit, sich dieses Wissens zugunsten einer lähmenden Ignoranz zu entledigen, weil sie ein Geheimnis ist. Ich bin überzeugt, wenn es gelänge, die übersinnlichen Erscheinungen völlig zu rationalisieren und dem praktischen Wissen anzupassen, damit also den Akt ihrer »Naturalisierung« zu vollziehen, verlören sie alsbald ihren bisher zu beobachtenden Reiz, und die Menschen würden auf ihrer Suche nach dem schwindelerregenden Geheimnis das Unergründliche woanders zu finden trachten. Es geht also, wie ich meine, um ein dem Menschen eigenes Bedürfnis, um das Bedürfnis nach jener *Hybris* oder der das normale Maß überschreitenden Störung der sozialen und kosmischen Ordnung, die frühere Gesellschaften mit liturgisierten Praktiken z. B. orgiastischen Typs befriedigten. Es ist so, der Mensch selbst führt in das von ihm geordnete Weltbild Anteile geheimnisvoller Unordnung ein. Sobald er das aber getan hat, macht er sich an das Ordnen dieser Chaosinjektionen – und aus diesem Ringen entsteht die eigentümliche historische Dialektik. Wenn nämlich das in einer bestimmten geschichtlichen Epoche erkannte geheimnisvoll Elementare der notwendigen, weil den normalen menschlichen Praktiken zugehörigen Einordnung erlegen ist, wenn z. B. astrologische Tafeln entstanden sind, in Büchern über das Geheimwissen enthaltene Klassifikationen der Zaubereien, wenn sich eine »Theorie des Spiritismus« oder ähnliches kristallisiert hat, das heißt wenn Methode, Schema und Schlüssel in die ursprüngliche Unordnung des Rätsels eingedrungen sind, verlieren die auf diese Weise angeeigneten und gewissermaßen gezähmten Erscheinungen ihre ursprüngliche Attraktivität und werden langsam unwichtig, was man an der wachsenden Gleichgültigkeit ihnen gegenüber erkennt. Im nächsten Jahrhundert dann nehmen die nächsten Generationen mit ihren neuen Fürsprechern des Unheimlichen wieder die Mühe des Ordnens auf sich und ringen mit dem Unergründlichen, als hätten sie keine Vorgänger gehabt. Und weil der Zeitgeist dem Geheimnis stets ein konkretes Antlitz verleiht, werden die in Magie, Zauber und Okkultismus sichtbaren *früheren* Verkörperungen des Chaos-Rätsels *heute* durch pseudorationale Gerüchte über Kosmische Besucher oder Fliegende Untertassen ersetzt. Es ändert sich die Form und der konkrete Inhalt, es ändert sich nicht das Wesen des Zweikampfes mit dem zugleich erwünschten und durch ordnende Eingriffe beseitigten Chaos.

Gewiß, alle von den Menschen auf diesem Wege erlebten Enttäuschungen können bezeugen, wie schwer greifbar das gespenstische Element ist. Ich glaube jedoch, die Vergeblichkeit dieser Bemühungen (die Magie hat ja nichts Konkretes geboren, ebensowenig hat die Suche nach Kosmischen Besuchern oder Fliegenden Untertassen etwas erbracht) zeugt von etwas ganz anderem, nämlich davon, daß das Gefühl für die Bedrohung durch ein gleichsam wildes, unbekanntes Element *den Menschen unentbehrlich* ist. Damit erweist sich das Problem als wichtig, denn die Frage des »Bedürfnisses nach dem Unheimlichen« ist wahrlich *unheimlicher* als die Werwölfe oder Geister, mit denen dieses Bedürfnis genährt wurde. Also ist die Gruselgeschichte Ersatz jener *Hybris*, die sich die Menschen früher selbst erzeugten, ein schwächlicher Ersatz, ein zehnter Aufguß, und deshalb kann sie nur kleinkalibrige Unterhaltung sein.

Infolge des Gesagten können wir jetzt die zu Beginn gestellte Frage beantworten. Die Hauptfunktionen der Literatur haben in der Kultur keinen Ersatzcharakter. Die große Literatur liefert keine Ersatzbefriedigungen, und wenn sie sich diesen überhaupt zuwendet, dann um sich in ihre unerkannten, nicht bewußt gemachten Mechanismen zu vertiefen. Wenn z. B. in einer Gesellschaft Drogensucht herrscht, dann ist es nicht Sache der Literatur, mit der Droge zu rivalisieren, die chemisch hervorgerufene Halluzination durch die mit Wörtern hervorgerufene Vision zu ersetzen, sondern es ist Sache der Literatur, hinabzusteigen zu den Wurzeln der ganzen Gruppe psychosozialer Verwicklungen, welche die Drogensucht gebiert und nährt.

Analog dazu sollte die unheimliche Literatur, um nicht Ersatzfunktionen zu erfüllen, auf billige Reize verzichten und die Mühe einer tieferen Durchdringung der Erscheinungen auf sich nehmen, das heißt die Sphäre des Unheimlichen nicht mit den Methoden des Produktionsromans angehen, sondern mit denen der anthropologischen Erkundung. Natürlich müßte sie dann ihren Akzent vom märchenhaften Grusel der Wunderdinge auf deren echten sozialpsychologischen Hintergrund verlagern. Mit einem Wort, es wäre eine anthropologisch orientierte Literatur. Genau solche Ansätze einer anthropologischen Orientierung beim unheimlichen Thema sind aber in Edgar Allan Poes Schriften zu finden – als in vielen Geschichten mit monströser oder geheimnisvoller Fassade versteckter Spott, der manchmal höchst perfide verborgen ist, weil er z. B. in einer Vorlesung über tierischen Magnetismus steckt. Diese Vorlesung ist so salbungsvoll, so gestelzt, so gelehrt, daß man die heimliche Ironie spürt, daß die Persiflage nahe ist und nicht die authentische wissenschaftliche Einstellung. Doch fällt es uns heute schwer, diese Beimischung zu entdecken, denn die Fortsetzer des Werkes von Poe haben ihre Chance, die Gattung zu adeln, vertan. Ist das deutlich genug? Ich sage, Poe stand (ebenso wie später auf einem anderen, parallelen Pfad Wells) vor einem Scheideweg, den er selbst geschaffen hatte. Denn von ihm konnte entweder eine Prosa des als ewigen Hunger des Menschen verfolgten Unheimlichen oder eine Prosa des Unheimlichen als Kitzel und Unterhaltung ausgehen: ein Eindringen in die Drogenabhängigkeit oder ein Drogenersatz. Diese zu seiner Zeit unbestimmbare Wahl des Weges ist in einer für die literarische Gattung, für die Kultur und schließlich für den Vorläufer selbst ungünstigen Weise vollzogen worden.

Das letzte Glied meiner Aufzählung mag bis zum Absurden überraschend erscheinen. Wie konnte denn Poe schaden, was nach seinem Tod und nicht in seinen Büchern geschah? Aber es hat ihm geschadet – übrigens genauso im Falle Wells'. Hätten sich nämlich diese Vorläufer als Initiatoren einer aufsteigenden Prosa herausgestellt, hätten ihre Werke den Anfang einer Kettenreaktion bezeichnet, welche die Bibliotheken mit einer Belletristik von künstlerisch und intellektuell höchster Qualität gefüllt hätte, so wäre der von dieser Vollendung ausgehende Glanz auch auf sie gefallen. Weil aber das Gegenteil eintrat, weil die durch sie begonnene Prosa, von ihren potentiellen Chancen abgeschnitten, zum rein unterhaltenden Nebenfluß der Massenkultur wurde, wirkte dieses Ergebnis zurück; deshalb gehören weder Poe noch Wells in den Augen besonders anspruchsvoller Kenner der Literatur zu deren hervorragendsten Vertretern.

Das oben Gesagte erklärt, worauf heute die Wehrlosigkeit des literarischen Grusels und des Unheimlichen beruht. Wenn solch eine Geschichte nicht entsetzt, langweilt sie; wenn sie ihren Leser nicht bis ins Mark erschüttert, bewegt sie ihn überhaupt nicht. Darum erlag diese Liteartur im Laufe der Jahre einer fortschreitenden Degradierung. Man konnte in ihr immer weniger ernst genommene Geheimnisse antreffen und immer mehr Tricks, Karten- und Zirkuskunststücke. Über die besten zeitgenössischen Gruselgeschichten läßt sich nur sagen, sie seien *geschickt* geschrieben. Die ursprüngliche, eine bestimmte Magie praktizierende Kultur war ihr genauso treu wie der Vatikan dem Katholizismus, und der Gedanke, diese Kultur könnte ihre Magie gegen eine andere austauschen, ist ebenso unsinnig wie der Gedanke, der Vatikan könnte eines Tages zum Buddhismus übertreten. Heutzutage mischt und kombiniert der Autor des unheimlichen Genres die Elemente der Fiktion wie Klötzchen bei kindlichen Spielen. Alle Kniffe, jede beliebige anachronistische Mischung sind gut, wenn sie das Publikum packen. Deshalb hat der im *Exorzisten* steckende Satanismus, der die Übereinstimmung mit dem noch ernst genommenen christlichen Glauben vortäuscht, diesem Roman und diesem Film eine frenetische Antwort eingetragen; es ging hier nämlich um eine *Ausnahme von der rein unterhaltenden Regel,* um die Rückkehr zu einer Problematik mit der über die Unterhaltung hinausgehenden Sanktion des Authentischen. Doch der Erfolg ereignete sich nach dem Prinzip: »In der Not frißt der Teufel Fliegen.«

Und wie steht es um Stefan Grabiński, dem dieses Nachwort beigegeben wird? Zunächst können wir sagen: Habent sua fata libelli. Wie hat sich dieser Lemberger Gymnasiallehrer danach gesehnt, in die Welt der großen Literatur einzutreten, und wie spät haben sich seine Sehnsüchte wenigstens zum Teil verwirklicht. Grabiński nämlich wird heute nicht nur in unserem Land gelesen, sondern auch fremde Kenner begeistern sich für die Lebendigkeit seines vor einem halben Jahrhundert verkannten Werkes.

Was immer man über die Gründe dieser Lebendigkeit sagen mag, klar ist, daß auch er den von mir so genannten Weg der anthropologischen Erkundung des unheimlichen Themas nicht betreten hat. Ich möchte sagen, er hat ihn nicht *mit vollem Bewußtsein und konsequent* betreten und sich darum weder des vom Grusel distanzierenden Spotts noch der psychologischen Tiefgründigkeit bedient. Er ist nicht in dieser Richtung gegangen, wenngleich . . .

Seine Romane, das muß man sagen, sind unlesbar geworden. Sie haben die Zeiten nicht überdauert, weil sie zu ausschließlich auf okkultistischer Erudition basierten. Der *Salamander* etwa ist das geradezu klassische Beispiel des »magischen Produktionsromans«. Die Magie des *Salamanders* ist die Technik des Kampfes mit der ihr eigenen »Ausrüstung an Werkzeugen und Vorrichtungen«, mit dem Unterbau des Fachwissens, mit dem Zielgerät, den Abzugshebeln usw. Ähnlich wie in einem Produktionsroman wird die

Aufmerksamkeit des Autors nicht von den Motivationsproblemen der Handelnden beansprucht, von ihren tieferen Gründen und Entscheidungen, sondern vom Grad ihrer praxeologischen Geschicklichkeit. Er spricht dem Anschein nach vom Zweikampf des Guten mit dem Bösen, doch wie abgegriffen, nebelhaft, banal sind jene oberflächlichen Motive des Kampfes auf Leben und Tod! Weder origineller noch treffsicherer präsentiert als in jedem beliebigen Produktionsroman. Hier das Gute, dort das Böse, hier die absolute Helligkeit, dort das totale Dunkel – und mit dieser Diagnose muß sich der Leser zufrieden geben. Da sich die gesamte Ladung auf die vorgeführte Wirkung der Handlung reduziert, ist die Ladung soviel wert wie die Handlung. Ein Produktionsroman, der den mit aufopferungsvoller Selbstverleugnung geführten Kampf um die Inbetriebnahme einer Teerbrennerei zeigt, müßte von Anfang an unfreiwillig komisch sein. Ebenso unübersehbar wird die Naivität des Zweikampfes mit Beschwörungen und Zauberformeln, der im *Salamander* abläuft.

Die Zeiten überdauert haben vor allem Grabińskis Novellen. Besonders gut erscheinen uns die Novellen des Zyklus *Der Dämon des Verkehrs,* in denen das übernatürliche Element diskret und in doppeldeutigen Vorgängen erscheint. Nichts schadet so dem Grusel des Jenseitigen wie die Vorführung, um es einmal so zu sagen, eines offenen Panoramas. Der Kern liegt darin, daß man ein nicht naiv konstruiertes Jenseits nicht präsentieren kann. Diese Schwäche teilt die Literatur mit allen Abarten des Okkultismus. Denn die aus dem Grab zu Séancen herbeigerufenen Geister selbst der größten Denker haben stets albernes Zeug geredet, wie die erhalten gebliebenen Protokolle beweisen. Was man von ihnen über das Jenseits erfahren konnte, lag zwischen grenzenlosem Primitivismus und grenzenloser Banalität. Die Spiritisten benutzen also ad hoc spezielle Hypothesen, um den ihnen unliebsamen Stand der Dinge wegzuinterpretieren, sie verkündeten z. B., die Geister kommunizierten mit uns immer im Zustand geistiger Schwäche, weil die Anknüpfung des Kontatks mit dem Medium so viel Mühe mache. Es handelte sich ganz deutlich um unangemessene Hypothesen, was jedes beliebige Beispiel belegt (es kam vor, daß der Geist während der Séance davon sprach, daß er sich das Rauchen abgewöhne, womit er ein Jenseits mit Tabakwarenfabriken suggerierte). Das unheimliche Element ist also mit starken Giften verwandt und kann nur in kleinen Dosen erregend wirken. Unvorsichtig dosiert tötet es – zwar nicht den Leser, wohl aber die Werke selbst.

Doch wird es Zeit, auf diese bissigen Bemerkungen zu verzichten; nicht darin sehe ich den Sinn meines Nachwortes. Also werde ich auf meine Weise von einer der vorzüglichsten Novellen Grabińskis erzählen, *Szamotas Geliebte,* denn – gleichgültig, ob mit Willen des Autors! – sie enthüllt die latent in dieser Gattung vorhandenen Möglichkeiten psychologischer Wahrheit.

Es handelt sich, wie der Untertitel mitteilt, um Blätter aus einem aufgefundenen Tagebuch, also wird in der ersten Person erzählt. Ein junger, naiver Mann – die Naivität, ja die Provinzialität des Ausdrucks schlägt dem Leser aus seinem Stil direkt entgegen – erhält unverhofft einen Brief von einer in die Heimat zurückkehrenden Dame, von Jadwiga Kalergis, der ersten Schönheit der Hauptstadt, die zudem noch wegen ihres Reichtums berühmt ist; einen Brief, der ihn unzweideutig zu einem amourösen Tête-à-tête mit jener Dame einlädt, obwohl die beiden bisher nichts anderes verbunden hat als die einseitige Verehrung des Jünglings für die unerreichbare Dame. Nur von weitem hat er sie anzuschauen gewagt, bei Konzerten, im Theater, heimlich ist er unter den Fenstern ihres vornehmen kleinen Palais auf und ab gegangen, doch hat er, der unüberwindlichen Distanz bewußt, nicht gewagt, ein Wort an sie zu richten. Warum also das Erahnen seiner Gefühle und warum die Gnade des Briefes, der bei aller Lakonizität unerhörte Erfüllungen verheißt? Seinen Augen nicht trauend, zeigt der junge Mann den Umschlag Bekannten, was nicht gerade die feine Art des Gentleman ist, aber seiner Naivität zugute gehalten werden kann.

Die Liebeserfüllungen überschreiten alle Erwartungen Szamotas, obwohl er, der sich langsam mit dem natürlichen Verlauf der Dinge an die Situation des Verhältnisses gewöhnt, immer deutlicher die Seltsamkeit der Szenerie sowie, wenn man so sagen darf, der Methode bemerkt. Es handelt sich um ein rein sinnliches, derart auf den physischen Kern beschränktes Verhältnis, daß es ohne jedes Wort verläuft – im Schlafzimmer, »in einer tiefen Nische, auf einem aus Giallo antico geschnitzten Lager« (der junge Mann ist zwar naiv, aber, wie man sieht, auch ein Kunstkenner). Die Amouren sind unerhört leidenschaftlich, und die aktive Seite dabei ist stets die Dame, die ihr tiefes Schweigen gewissermaßen durch raffinierte Zärtlichkeiten wiedergutmacht. Einige Monate später beginnt diese Form der Verbindung Szamota lästig zu werden, nachdem er den Leib besessen hat, verlangt er die Seele. Doch nur Schweigen antwortet ihm oder nach den Liebesnächten eintreffende Briefe mit der Bitte, nichts zu fragen, sie nicht zu quälen usw. Inzwischen entwikkelt der Beglückte eine schärfere Beobachtungsgabe. Frau Kalergis hat dieselben Kennzeichen (»Mäuschen«) am Körper wie er; sie ist genauso sonnenverbrannt wie er, was einer Dame nach den Vorschriften der Zeit nicht ansteht; und als er die Geliebte einmal, durch ihr Verhalten erregt, mit einer Nadel sticht, spritzt das Blut aus seinem und nicht aus ihrem Körper ...

Schließlich bricht das Verhältnis ein Jahr nach dem ersten Verkehr mit einem unheimlichen und zugleich makaber obszönen Akzent ab. Frau Kalergis empfängt ihn im dunklen Schlafzimmer, ruft ihn flüsternd herbei, doch der Mann kann im Bettzeug ihren Kopf, ihr Gesicht, ihre Hände nicht finden – nichts als den »Herd ihres Geschlechts«, wie die Novelle sagt. In gekränktem Stolz springt er auf, macht Licht und sieht: »Im Gewirr von Spitzen und Atlas lag da, schamlos dargeboten und bis zur Bauchlinie entblößt ein weiblicher Rumpf – ein Rumpf ohne Brüste, ohne Schultern, ohne Kopf ...

Szamota flieht entsetzt, um zwei Monate später zu erfahren, daß Jadwiga Kalergis seit zwei Jahren tot ist, daß er also ein Verhältnis mit einer Toten hatte.

Man legt diese Geschichte nach dem typischen Kanon des Spiritismus aus, so hat es die Kritik gewöhnlich getan. Der tiefgründigste Erforscher des Grabińskischen Werks, Artur Hutnikiewicz, Autor einer Monographie über unseren

Schriftsteller (kaum ein polnischer Literat dieses Jahrhunderts hat eine derart gewissenhafte und vielseitige Bearbeitung seines Werkes erfahren), gibt zwei Auslegungen, zwei Varianten der spiritistischen Explikation. Die erste begnügt sich mit dem Diesseits, denn auf dieses beschränkt sie die Sphäre der spiritistischen Phänomenalistik, Szamota ist einem Wahn auf erotischem Hintergrund erlegen, die Briefe der angeblichen Geliebten hat er sich selbst geschrieben, und da er medial begabt ist (was er selbst nicht wissen muß), hat er die Person der angeblichen Jadwig Kalergis »ideoplastisch« materialisiert, sie war also sein Phantom, doch mit der Zeit hat sich das Nachlassen seiner phantomschaffenden Energie bemerkbar gemacht: Er mußte immer länger auf das Erscheinen der Geliebten warten, bis sich die Vision schließlich auf die Umgebung der Geschlechtsorgane reduzierte – durchaus verständlich, sagt Hutnikiewicz, wenn man die Natur der psychischen Reize bedenkt, die an der Quelle des Phänomens standen. Die zweite, ebenfalls zulässige Variante der Auslegung wird vom Schluß der Novelle suggeriert. Es läßt sich nicht ausschließen, daß Szamota ein Verhältnis mit der Erscheinung der Toten erlebt hat, wobei entweder (füge ich von mir aus hinzu) Jadwigas Geist sich zur Materialisierung der spiritistischen Begabung Szamotas ebenso bedient hat, wie die typischen Erscheinungen bei den Séancen sich dazu des »Ektoplasmas« bedienen, das von dem eingeschläferten Medium ausgestrahlt wird, oder aber die Materialisierung ist gewissermaßen direkt eingetreten (also ohne Vermittler), und ihre stufenweise Reduktion wurde von den »verständlichen Schwierigkeiten« verursacht, auf die jeder Geist eines Toten stoßen muß, wenn er die ihn von der Welt der Lebenden trennenden Schranken zu überwinden versucht.

Hutnikiewicz fügt auch hinzu, die Prüfmatrize und zugleich der allegorische Hintergrund dieser makabren Geschichte könnte der Bibelvers sein, der angibt, auf welche Weise Gott aus einem Teil von Adams Körper Eva schuf.

Das alles scheint mir insofern unbezweifelbar zu sein, als die zitierten Auslegungen sowohl dem Kanon des klassischen Spiritismus als auch den Intentionen des Autors entsprechen. Die Novelle läßt indessen noch eine Art von Interpretation zu, die insofern interessant ist, als sie die spiritistischen Erläuterungen wegstreicht, was der ganzen Novelle keineswegs schadet, sondern sie transferiert in den Bereich naturalistischer, rationaler und zugleich psychologisch glaubwürdiger Problematik. Indem wir sowohl die mediale als auch die jenseitige Paradigmatik verwerfen, stehen wir nicht vor einem kraftlos ins Nichts versinkenden Werk, sondern gewinnen ein Werk, das zur ungewöhnlich durchdringenden Analyse erotischer Geschehnisse in ihrem unterbewußten Bereich wird.

Ich postuliere nämlich die Verschiebung aller Geschehnisse in den Bereich der Psyche des Helden, dessen erotische Besessenheit die Grenzen der geistigen Norm überschritten hat oder, wenn jemand das vorzieht, dessen sexuelle Fixierung zur inhaltlichen Quelle der Trugbilder geworden ist. Wenn wir diese Version akzeptieren, stellt sich heraus, daß er selbst sich das alles eingebildet, daß er sich selbst mit Phantasieprodukten umgeben hat, die keine objektive Entsprechung besaßen, denn er hat sich in eine Sphäre der Visionen begeben, in der seine bisher unterdrückten erotischen Träume endlich alle Fesseln abwerfen konnten. Und sie konnten sich losreißen von der Leine des Anstands, die in der Zeit, da die Geschichte spielt, so stark war, durch den spiritistischen Anschein, an den der Held selbst innig glaubte. Denn wenn das alles nicht nur aus ihm selber stammte, sondern wenn er davon gewußt hätte, daß es so ist, so hätte er nie gewagt, sich eine derartige unverschämte Phantasie zu erlauben. Der spiritistische Anschein bildet also die notwendige Voraussetzung für das gewagte Verhältnis.

Die psychologische Interpretation, die ich vorschlage, ist nicht überzogen, denn sie paßt zu allen Einzelheiten der Fabel. Der Name Kalergis fällt, meine ich, nicht zufällig; wir kennen die Rolle, die die authentische Frau Kalergis in Norwids* Leben spielte. Damit wurde sie zum Urbild des

* Über Cyprian Kamil Norwid, 1821-1883, den spätromantischen polnischen Dichter, und sein Verhältnis zu Maria Kalergis heißt es in Juliusz Kleiners »Zarys dziejów literatury polskiej« (Abriß der polnischen Literaturgeschichte), Wroclaw 1972, S. 359: »Im Ausland lernte er die Halb-Polin Maria Kalergis kennen, die als die schönste aller Frauen galt. Tochter eines Deutschen in russischen Diensten, des Grafen Nesselrode,

erotisch unerreichbaren Ideals der schönen Frau, an deren Reizen sich andere berauschen – die authentische Frau Kalergis war ja keine Vestalin –, doch wehe dem Helden, der sie am leidenschaftlichsten, weil am ohnmächtigsten liebt. Der Held in Grabińskis Novelle hat es nicht einmal gewagt, seiner Jadwiga Kalergis die Gefühle zu bekennen, die er hegte, ganz bestimmt im Bewußtsein der Hoffnungslosigkeit eines derartigen Schritts, er muß ihr also sozial nicht ebenbürtig gewesen sein, denn eines Mangels an Gefühlsstärke wird man ihn schwerlich beschuldigen können. Eine insgeheim aus der Entfernung genährte Liebe wendet sich am Ende gegen sich selbst, weil sich die in das Sentiment eingefressenen Ressentiments bereits im Unbewußten angehäuft haben; das Verlangen geht über platonische Träumereien hinaus und lechzt nach um so drastischerer Erfüllung, je unmöglicher sie ist. In dieser Phase ist es keine flehentliche Leidenschaft mehr, sondern eine zur Rache an der unberührbaren Erwählten bereite. Dem Abgewiesenen, eigentlich dem nicht einmal in die Nähe der Schönheit Gelassenen kann der mit gnädig antwortender Gunst gekrönte erotische Angriff als Kompensation nicht mehr genügen. Nein – in dem sich realisierenden Traum wird er nun zur bestürmten, sie zur bestürmenden Seite, sie beweist eine geradezu schamlose Aktivität, indem sie sich ihm unter für sie erniedrigenden Umständen hingibt, um sein Verlangen zu befriedigen.

Ich erinnere hier an den analogen Mechanismus der Rollenverkehrung, wie er in *Schuld und Sühne* sichtbar wird, wo Marmeladow träumt, ein kleines Mädchen bemühe sich, ihn zu verführen. Die dem Unbewußten eigenen Mechanismen der Wunscherfüllung lechzen nach solchen Kurzschlüssen, damit das träumende Subjekt die vollständigste, von allen Konventionen befreite Befriedigung findet; der vom Unbewußten des jungen Mannes geschmiedete Plan soll also bewirken, daß die erhabene Erwählte sich ihm nicht nur

durch ihre Mutter mit Polen verbunden, lebte sie, nachdem sie ihren Mann, den griechischen Bankier Kalergis, verlassen hatte, mit den von ihm erhaltenen Millionen wie eine Königin, reiste durch Europa und zählte zu ihren Verehrern bekannte Dichter, Musiker, Politiker, schließlich sogar Napoleon III. selbst. Die Liebe zu ihr war der erste zerstörende Faktor in Norwids Leben.« (Anm. d. Übers.)

hingibt, sondern darüber hinaus durch diese Hingabe ihre Minderwertigkeit im Vergleich mit ihm enthüllt; nur dann nämlich erweist sich die Kompensation als vollständig. Er, früher der niedrigere, wird erhoben, sie, früher die hohe, wird degradiert. Denn der psychologische Schluß lautet so: »Ich habe sie erobert, wie ich wollte, doch sie ist meiner nicht wert, denn ich bin ritterlich, sie aber zügellos, also brauche ich sogar mein ehemaliges Nichtbefriedigtwerden nicht zu bedauern.« Tatsächlich gibt es kaum eine stärkere Genugtuung für den – nicht nur erotischen – Ehrgeiz des Helden. Selbstverständlich könnte er die genannten Pläne nicht bewußt in der Imagination realisieren, denn ein solches Vorgehen würde sich als klare »delectatio morosa«, ja als onanistischer Wachtraum herausstellen. Deshalb muß er ein System von Selbsttäuschungen verwenden, er muß eine Projektion seiner hitzigen Lüste, die er sich selbst nicht zu enthüllen wagen würde, in die Außenwelt bewerkstelligen, und so lädt er auch die ganze Verantwortung für die Sittenlosigkeit auf die angebliche Partnerin ab. Sie war kühl und unzugänglich, er aber in vergeblicher Leidenschaft entflammt; jetzt erweist er sich als durch ihre Zügellosigkeit in seiner männlichen Rechtschaffenheit getroffen, also verläßt er sie zur Strafe, was ihm um so mehr schmeckt, als es gerecht ist und zugleich sie herabsetzt. Warum aber erscheint ihm alles in solcher Übereinstimmung mit dem Kanon des Spiritismus? Die Antwort ist einfach: Weil zur Zeit des Geschehens dieser Kanon jedem Mitglied der »Gesellschaft« bekannt war, weil es zum guten Ton gehörte, sich nach ihm zu richten. Darum auch formt Szamotas Unbewußtes seine projizierten Wahngebilde übereinstimmend mit diesem Kanon.

Grabińskis Novelle kann also als naturalistisches Werk behandelt werden, das auf die Demaskierung der Mechanismen der Erotik hinzielt, oder als psychologisch beglaubigte Analyse kompensatorischer Selbstbefriedigungen. Wir finden in ihr nämlich alle typischen und von der Psychoanalyse isolierten Mechanismen wie *Verdrängung, Verschiebung, Projektion, symbolische Vieldeutigkeit* sowie das für die zwischen »Ich« und »Es« herrschenden Beziehungen typische Sichselbstbelügen und Verdecken authentischer Motive mit einem System von Vorwänden. Solch ein Vorwand ist die gesamte verwendete spiritistische Formalistik, die darum nicht einfach verworfen werden kann, weil sie in der Novelle eine unentbehrliche Rolle spielt, auch wenn diese Rolle radikal anders ist als die, die ihr die Kritik mitsamt dem Schriftsteller zugeschrieben hat.

Ihren Erfolg – ich spreche von der Vieldeutigkeit der Erzählung, die in Grenzen als psychologisch wahr verstanden werden kann bei voller Negierung aller spiritistischer Prätentionen – verdankt sie dem Nichtvorhandensein von Kommentaren des Autors, die versuchen könnten, den spiritistischen Hintergrund der Erscheinungen zu beglaubigen. Dieses Nichtvorhandensein wurde hervorgerufen durch die Erzählform, die in der ersten Person abläuft. Aus dieser Bemerkung scheint sich zu ergeben, daß, wenn der Eingriff einer Verschiebung der Bedeutungsakzente von der antinaturalistischen Grundlage in den Bereich der naturalistischen Richtigkeit (z. B. vom Spiritismus zur Tiefenpsychologie) sich als unausführbar erweist, das Werk das Schicksal jener diskursiven Grundlage teilen muß, die es geboren hat. Oder, um dasselbe gewissermaßen von der anderen Seite zu sagen, wenn die *vom Autor gegebene Auslegung der Geschehnisse* untrennbar verwächst mit den *Geschehnissen selbst,* dann hat das Werk genauso viel Lebendigkeit wie diese Auslegung. Wenn das Geheimwissen, das den Quellbereich der Fabel bildet, Mitleid zu erwecken beginnt, dann wandert das Unheimliche zusammen mit diesem Wissen in die Rumpelkammer.

Von daher stammt die fatale Gesetzmäßigkeit, die uns heute Grabińskis Werk in zwei Teile zerlegt. Er ist leider den falschen Weg gegangen, indem er ein immer glanzvollerer Kenner des Okkultismus und ein dadurch immer wehrloserer Autor wurde, denn je mehr derartige Kenntnis er in seine Werke einfügte, desto schlechter wurden die Ergebnisse.

Im übrigen ist die Verwandlung faszinierender Ansichten des diskursiven Denkens in tote Buchstaben bestimmt kein lokales Gebrechen der Gattung, in der Grabiński schrieb, sondern eine allgemeine Krankheit der Literatur; so beweist der Zeitablauf immer aufs neue den Grundsatz, der den Schriftstellern gebietet, der selbständigen Aussagekraft der Handlung zu trauen, auf deren eigener Geschlossenheit das Werk stehen soll, nicht aber irgendwelchen diskursiv und kommentierend vereinheitlichten Interpretationen dieser Handlung. Anders gesagt, die Literatur sollte es nie übernehmen, irgendwelche Hypothesen oder Theorien, Anschauungen oder Meinungen zu illustrieren, die auf einen einzigen Nenner unerschütterlicher Wahrheit begrenzt sind, sie sollte ihren Auftrag nicht darin sehen, diese Wahrheit mit Geschichten zu beweisen, die partikulare Verkörperungen einer dem System nach einzigen Konzeption sind. Diese Direktive betrifft selbstverständlich nicht die von einzelnen Romanfiguren stammenden Kommentare; sie können nämlich immer Umbegründungen oder geradezu »Weginterpretationen« unterliegen, wie wir sie oben durchgeführt haben. Das Wissen um das aufgenommene Thema ist für den Schriftsteller zweifellos unerläßlich, es kommt nur darauf an, daß er es nicht allzu sehr propagiert, wenn er z. B. seine Werke als Beweise für die Wirklichkeit unheimlicher Erscheinungen ansieht. Gewiß ist es nicht möglich, die gesamte Literatur des Gruseligen und Unheimlichen in dem Teil, der (wie E. A. Poes Bücher) sich dem zerstörenden Wirken der Zeit erfolgreich widersetzt, als ausschließlich der von mir durchgeführten »Naturalisierung« des Makabren durch seine Übersetzung in die Psychologie anheimgegeben anzusehen. Die lebendigen Werke besitzen verschiedene Arten von Bedeutungstiefe, die allegorische wie auch die symbolische, sie können auch in fernliegende Zonen menschlicher Erfahrung verstrickt sein. Doch ich habe mich hier nicht an die Besprechung der gesamten Gattung gemacht, die so viele Dilemmata aufwirft, ich möchte vielmehr mit diesen Worten vor allem zurückfinden zu einem Schriftsteller meiner Lemberger Jugend, der beim Rivalisieren mit den zeitgenössischen anderen Europäern nicht unterlegen ist. Vielleicht sollte man nicht so sehr darüber klagen, daß viele seiner Bücher für uns veraltet sind, als im Gegenteil der Bewunderung für seine bereits befreite Phantasie Ausdruck verleihen, zumal deren Früchte das Hinscheiden einer zweifelhaften Metaphysik, die ihnen einst als Stützen gedient hatte, überlebt haben.

Grabiński hat uns nicht viele so großartige Werke gegeben wie *Szamotas Geliebte,* aber es sind genügend viele, um ihn nicht zum vergessenen Schriftsteller werden zu lassen.

Krakau, im November 1974

Nachwort zu Philip K. Dick *Ubik**

UBIK als Science-fiction

In *Science Fiction Commentary* 17 schrieb George Turner: »In UBIK präsentiert man uns die Lebenden und die Halb-Lebenden; die Halb-Lebenden sind in Wahrheit tot, existieren aber in einer anderen Variante der Realität, bis sich die spurenhaften Überreste ihres Bewußtseins endgültig verflüchtigen. Ihre ›Realität‹ unterliegt der Manipulation durch eine starke Persönlichkeit unter den Halb-Lebenden, die Verwicklung auf Verwicklung türmt, bis die Widersprüche wie Protestfahnen herausstechen. Die Fabel ist nett, kommt aber gegen die Paradoxe nicht an. Die Metapher ist mißlungen, denn sie kommt gegen das Gewicht der Realität, wie wir sie kennen, nicht an.« Nun bin ich bereit zu beweisen, daß es einen rationalen Standpunkt gibt, von dem aus gesehen UBIK ein Roman ist, dem wissenschaftlich sinnvolle Ideen zugrunde liegen. Hiermit diese Beweisführung. »Halb-Leben« ist ein Zustand, in den Sterbende eingebettet werden, wenn sie die Medizin nicht mehr zu heilen weiß. Man legt diese Schwerkranken in »cold packs«, in denen ihre Körper intensiv gekühlt werden. Bei der niedrigen Temperatur verlangsamen sich ihre Lebensfunktionen, so daß der Tod nicht eintreten kann. Das ist keine Phantasie: Wir wissen heute, daß bei Temperaturen, die sich dem Nullpunkt nähern, die Wucherung von Krebszellen praktisch aufhört, und sogar die tödlichen Gifte zerstören dann die Zellen nicht mehr. Somit ließe sich ein Analogon des in UBIK erwähnten Verfahrens schon heute verwirklichen, nur daß man es als sinnlos betrachten müßte. Denn obwohl durch die Kühlung (die besser als Hibernation bekannt ist) der Tod vertagt und die Agonie aufgehalten wird, kann man von einer Rettung des Betroffenen nicht sprechen: er befindet sich ja nicht bei Sinnen und man darf ihn nicht durch Erwärmung zu Bewußt-

* Suhrkamp Verlag Frankfurt am Main 1977 (st 440)

sein bringen, weil dann der aufgehaltene Tod stattfinden wird. Man spricht davon, daß ein solcher Mensch tief eingefroren werden könnte, und in diesem Zustande – des Kältetodes – sollte man ihn so lange aufbewahren, bis die Medizin – nach Jahren oder Jahrhunderten– die dem gegebenen Falle gerecht werdende Heilungsmethode entdeckt. Wir wissen noch nicht, ob der umkehrbare Kältetod, dessen Idee dieser Meinung zugrunde liegt, verwirklichbar ist, da bisher an Säugern vorgenommene Experimente negative Ergebnisse erbrachten: bei der Einfrierung und darauffolgenden Erwärmung kommt es zu unumkehrbaren Gewebeschäden. UBIK setzt die Behauptung voraus, daß sich der umkehrbare Kältetod *nicht* realisieren läßt – was von den Spezialisten als eine plausible, ja sogar hochwahrscheinliche Eventualität angesehen wird. Somit ist eine Hibernation als sinnlos und eine Einfrierung bei tiefen Temperaturen als unverwirklichbar zu betrachten. Es bleibt jedoch ein Ausweg offen. Man kann nämlich den *Körper* des Beschädigten im Zustande der dauernden Hibernation erhalten und sein Gehirn mittels eines entsprechenden Apparates (künstliches Herz und künstliche Lunge) mit warmem Blut durchbluten: dann wird der Mensch das Bewußtsein erlangen. Der Betroffene würde sich in der Lage eines Paralytikers befinden, oder vielleicht sollte man sie noch weit schlimmer nennen. Seine Sinnesorgane funktionieren nicht, da ja nur sein Gehirn durchblutet werden kann; wenn aber jemand bereit wäre, angesichts des nahen Todes eine so grausame Chance einzugehen, könnte ihm auch dann nicht geholfen werden. Wir wissen nämlich, daß der Gedanke an die Aufrechterhaltung von intakten psychophysiologischen Funktionen eines isolierten Gehirns utopisch ist. Hört der normale Zustrom von Sinnesreizen zum Gehirn auf und stellt sich der Zustand der sogenannten sensorischen Deprivation ein, beginnt sofort ein sich schnell steigernder Verfall aller, insbesondere der höheren Hirnprozesse. Das isolierte Gehirn ist unfähig, normal zu funktionieren; somit treffen wir auch auf dem angetretenen Ausweg auf eine Barriere. Aber noch ist nicht alles verloren: wenn es gelingt, für das Gehirn des Betreffenden eine synthetische *Umwelt* zu schaffen, wird er weiterleben, obzwar nicht mehr in unserer normalen Realität – er wird eine *Ersatzrealität* erleben. Diese Pseudorealität ist das gemeinsame Gut (oder Böse, wenn man will) aller im »cold pack« liegenden Menschen.

Die Schlüsselfrage, die beantwortet werden muß, lautet, ob sich für die »Kaltgelagerten« eine *Ersatzwelt* anfertigen ließe, und wenn ja, auf welche Weise? Nun können wir heute eine solche Leistung nicht verwirklichen, doch gestalten sich ihre Chancen recht gut. Bekanntlich hat man während chirurgischer Eingriffe am Gehirn mehrmals versucht, die Hirnrinde elektrisch zu reizen, und unter entsprechenden Umständen, auf die hier nicht näher eingegangen werden kann, läßt sich durch eine solche Reizung eine Reihe von unterschiedlichen Halluzinationen herbeiführen, die alle vom Subjekt *nicht als solche* erlebt werden. Die Versuchsperson hört die Stimme eines toten Bekannten, sieht ihn, erlebt ganze Szenen aus ihrer Vergangenheit usw. Bitte zu bedenken, daß es sich hier um primitive Experimente handelt, denen recht wenig Zeit gewidmet wurde, da ja der Hauptzweck des Eingriffes die Heilung des Operierten ist, und man darf auch keine Versuche wagen, die den geringsten Schatten an Gefahr mit sich bringen. Vielleicht aber wird man sich mehr Wissen erwerben, welches diese Methode zu vervollkommnen gestattet. Eine solche Methode ist in UBIK implizite vorausgesetzt. Es muß Apparate geben, die wir Simulatoren oder Umwelterzeuger nennen könnten, an welche die in »cold packs« Liegenden angeschlossen sind. Die Quelle der Information, die zum Zustandebringen einer fiktiven Umwelt nötig ist, befindet sich im Gehirn der Betroffenen; der Simulator arbeitet nach einem auf jeden Fall abgestimmten Programm und bildet die Quelle von neuen, dem Betroffenen teilweise bisher unbekannten Tatsachen und Eindrücken (man kann schon heute durch die Reizung der Hirnrinde nicht nur Sinneshalluzinationen verursachen, sondern auch Gefühle erzeugen, darunter beispielsweise erotische und sexuelle Erlebnisse).

Die technische Frage der Welt- oder Realitätsaufspaltung ist also im Prinzip lösbar und wir gelangen dadurch zur nächsten, nicht mehr technischen Frage: wie soll das Wissen des Betroffenen um seinen wahren Zustand gestaltet werden? UBIK trifft die Annahme, daß es in den »cold packs« Menschen gibt, die sich seit Jahren der eigenen Lage bewußt sind, etwa Runciters Frau; es gibt aber auch solche wie Joe Chip, die nach einem Unfall oder infolge einer unheilbaren Krankheit »auf Eis gelegt« wurden, und davon noch nichts wissen. Denn jemand – und das ist eben dem Joe Chip passiert – wird in eine Katastrophe verwickelt, verliert das Bewußtsein, kommt nach einiger Zeit zur Besinnung und findet sich in einer recht gut bekannten Umgebung, ohne zu wissen, daß sie einen Teil der Pseudorealität darstellt, zu der er lebenslänglich verurteilt wurde, weil dies die einzige Chance seiner Rettung war. Es ist moralisch recht fragwürdig, ob der falsche Glauben dieses Menschen, daß er ganz normal weiterlebt, aufrechtzuerhalten wäre – aber dieses Problem ist insofern irrelevant, als es von weit wichtigeren verdrängt wird. Und zwar: Die Lage, in welcher sich der Geschädigte befindet, ist zwar seinen Nächsten lieber, als wenn er tot wäre, zugleich aber ist sie nicht als erfreulich zu bezeichnen. Man will sich nicht damit begnügen, daß man den Betroffenen am Leben erhalten hat, weil er vom Standpunkt der normal Existierenden nur ein von der Welt isoliertes »Halb-Leben« führt. Man möchte mit ihm in Kontakt treten, mit ihm sprechen, ihn anhören usw. Das ist technisch möglich – aber unter Bedingungen, die recht delikat sind. Denn die Pseudorealität bildet für den Verletzten eine integrale Ganzheit; wenn somit jemand, der sich außerhalb dieser Pseudorealität befindet, in sie eingreift, wird dieser Eingriff vom Betroffenen als Anomalie seiner Umwelt erlebt: der »Gast« kann *nicht* in einer für die »Halblebenden« völlig plausiblen und harmlosen Weise in die Pseudorealität gelangen. Das ist belanglos, wenn der Betroffene, wie Runciters Frau, sich der eigenen Lage bewußt ist. Das ist aber äußerst wichtig, wenn er nichts davon weiß – und das war eben bei Joe Chip der Fall.

Zwei merkwürdige Phänomene bedürfen noch der Erklärung: 1. das »wahnsinnige« Verhalten der Pseudorealität, und 2. die Manipulation des Bewußtseins eines Menschen im »cold pack« seitens seiner Leidensgenossen (in UBIK handelt es sich um die seltsamen Beziehungen, die zwischen Ella,

Runciters Frau, Joe Chip und einem Burschen namens Jory bestehen).

Was das erste Phänomen betrifft, handelt es sich um eine *realistische* Darstellung einer *fiktiven* Technik. Im voraus darf man nämlich behaupten, daß, wie auch die Technologie der Realitätsaufspaltung verwirklicht sein mag, sie gewissen Anfälligkeiten unterworfen sein muß, weil es keine Technologie gibt, die für alle Zeit vor Anfälligkeiten gefeit wäre. Der Umstand also, daß es bei der Erzeugung der Pseudorealität zu »Pannen« kommen wird, ist als *realistische* Prognose aufzufassen; da uns aber keine heute gestellte Prognose darüber Auskunft geben kann, was für einen konkreten Charakter die betreffenden Anfälligkeiten haben werden, handelte UBIKS Verfasser im guten Recht, wenn er die »Pannen« und »Defekte« der Pseudorealität nach eigenem Ermessen darstellt. Sie sind nun mehrfacher Natur. Es handelt sich um gewisse »Zeitablaufanomalien« der Pseudorealität und um *Raum*anomalien, wobei beide einen *traumartigen* Charakter aufweisen, d. h. sie gleichen sich dem an, was manchmal im Traume erlebt werden kann. Diese Art der Gestaltung von »Realitätspannen« scheint insofern richtig zu sein, als – dem von uns Gesagten gemäß – die Hauptquelle der Informationen, welche die Pseudorealität konstituieren, das Gehirn des im »cold pack« Liegenden ist; dadurch kann man damit rechnen, daß jedem Erschlaffen der Steuerung vom psychischen Prozessen durch den Simulatur subjektiv beim Behandelten solche Erscheinungen entsprechen werden, die *er* als *traumartige Umwandlung der Umwelt* erfahren wird. (Wobei anzumerken ist, daß der Traum vom Träumenden in der Regel *nicht* als solcher erkannt wird: deshalb denkt auch Joe Chip nicht an eine solche Deutungsmöglichkeit des Geschehens.) Was nun das »Überwuchern« des einen Bewußtseins in das andere angeht, kann angenommen werden, daß recht viele Leute im »cold pack« liegen, und aus Sparsamkeitsgründen wird nicht *jedem von ihnen* ein separater Simulator zugeteilt. Vielmehr ist immer eine Handvoll solcher Leute an eine mehrkanälige Maschine angeschlossen. Wenn die einzelnen Stromkreise auch voneinander isoliert sind, kann es dennoch passieren, daß die Stromimpulse von einem Kreis zu einem anderen überspringen oder die anderen Ströme induzieren; was *subjektiv* als das »Verschlingen« eines Bewußtseins durch das andere, benachbarte erlebt werden kann.

Die letzte Frage, die noch zu beantworten wäre, ist, wer eigentlich im »cold pack« liegt: Runciter – oder Joe Chip? Nach allem, was man in UBIK finden kann, liegen *beide* im »cold pack« (d. h. daß alle auf dem Mond Anwesenden von der Explosion getötet wurden und der »cold pack«-Behandlung unterzogen werden mußten).

Somit haben wir bewiesen, quod erat demonstrandum; wir haben dabei an mehreren Stellen die »Lücken«, die sich im Roman befinden, gefüllt. Es wäre aber unrichtig, im Ernst von solchen »Lücken« zu sprechen.

Erstens, weil die technischen Details in einem Roman nicht unbedingt genau besprochen werden müssen. Bekanntlich beschreiben die Verfasser von zeitgenössischen Romanen die Arbeitsprinzipien von Kühlschränken, Rundfunkgeräten oder Autos *nicht,* und man würde in solchen Romanen auch vergeblich nach der Information suchen, daß alle Helden Wirbeltiere und Säuger sind. Was UBIK betrifft, ist seine basale Voraussetzung eine Technik der *Realitätsaufspaltung,* wobei nicht besonders wichtig ist, was für eine – im konstruktionellen Detail darzustellende – Technologie diese Aufspaltung verursacht. Sie kann auf mannigfaltigen Wesen zustande gebracht werden. Die technischen Einzelheiten sind von zweitrangiger Bedeutung. Das Wichtigste ist, daß es in einer Welt, in welcher es bereits zur Realitätsaufspaltung kam, für ihre Bewohner neue, bisher unbekannte Dilemmas und Probleme von größtem Ausmaß gibt. Das Bestehen einer solchen Technik verändert die ontologische Lebensperspektive und dabei handelt es sich, wie in UBIK überzeugend dargestellt, keinesfalls um ein Problem, das nur diejenigen berührt, die als Schwerbeschädigte der »cold pack«-Behandlung unterworfen wurden. Im Prinzip könnte ja *jeder* Mensch auf diese Weise behandelt werden, d. h. jeder kann lebenslänglich in einer Pseudoumwelt eingekerkert werden. Ob diese Einkerkerung einen legalen oder illegalen Charakter hat, ist eine juristische und keine philosophische Frage mehr. In der Welt mit aufgespaltener Wirklichkeit herrscht das allgemeine Wissen, daß es außerhalb des normalen Nullniveaus der Realität auch andere Niveaus gibt (d. h. für jeden Menschen geben kann). Wie immer handelt es sich um den Preis, der für den sogenannten Fortschritt (in UBIK um den Fortschritt bei der Bekämpfung des Todes) bezahlt werden muß.

Das Obige ist auf jeden Fall eine Perspektive, aus der der Roman als ein SF-Werk erscheint, das menschliche Folgen eines biotechnischen Umsturzes schildert. Es erübrigt sich vielleicht nicht, zweitens zu bemerken, daß die Reflexionen, die der Anblick einer Katastrophe auf der Autobahn in den an der Unfallstelle Anwesenden erweckt, nicht einen Kurs steuern, der geschichtlich-technische und zivilisatorische Tatsachen in Frage stellt, weil man sich beim Anblick zertrümmerter Wagen und der Leichen nicht denkt, was für ein Preis an Menschenleben bezahlt werden muß, weil Otto seinerzeit den Viertaktverbrennungsmotor erfunden hat und andere Erfinder diesen Motor in einer alten Kutsche montiert haben. Somit darf bezweifelt werden, daß die obige Exegese von technischem Charakter wirklich nötig ist und ob man meinen darf, Dick sollte die Beschreibungslücken an technischen Details, welche wir zu füllen versuchten, von sich aus füllen. Vielmehr glaube ich, daß Dick keine Lücken im Roman hinterlassen hat und daß die technische Erklärung eigentlich überflüssig ist. Sie verfolgte lediglich einen Zweck – wir wollten nämlich zeigen, daß der Roman *auch* als SF kohärent ist und daß von Widersprüchen und losen Enden in seinem Gefüge nicht die Rede sein kann. Technische Details, wären sie in UBIK in Hülle und Fülle anwesend, könnten eher die Lektüre stören; sie fügen dem Text nichts Relevantes hinzu, sie rationalisieren ihn nur in einer Weise, die dem Verfasser nicht lieb ist. Vom künstlerischen Standpunkt hat er recht; dieser Roman ist nämlich keine »futurologische SF« – obwohl er auch als solche SF gelesen werden kann. Dick hat aber einen anderen Blickpunkt; er verzichtet auf alle »empirischen Rechtfertigungen« und auf »wissenschaftliche« Begründung. UBIK ist in erster Linie eine dichterische Leistung, was unter anderem daraus zu ersehen ist, daß die oben skizzierte biotechnische Voraussetzung auch einem Roman zugrunde liegen könnte, der zwar in allen sachlichen Details makellos, als Kunstwerk aber dennoch ein Blindgänger sein könnte. Die Widersprüche in UBIK müssen nicht unbedingt durch Anrufung der technischen Instanz verteidigt werden. Sie sind weder Lücken im Text, noch Folgen der Sorglosigkeit des Autors. Sie sind Ausdrucksmittel, die dazu dienen, um stark affektbetonte, weltanschauliche Inhalte bildlich an den Tag zu bringen. Sie sind, mit einem Wort, Metaphern, die sogar dann, wenn dies möglich erscheint, nicht auf ihren empirischen Gehalt geprüft werden sollen. Wenn sie auch, wie gezeigt wurde, dem logisch-wissenschaftlichen Test standhalten können, liegt darin nicht ihr Hauptwert. Sie besitzen, als Teile eines Ganzen, einen Erlebniswert, der nicht in die Valuta der praktischen Erkenntnis umzutauschen ist. Er heißt Katharsis.

Nachwort zu H. G. Wells *Krieg der Welten**

Der *Krieg der Welten,* das hervorragendste Werk von H. G. Wells, ist zugleich einer der wenigen Romane, die das Phantastische ihrer Prämissen hinter sich gelassen haben und in die Weltliteratur eingegangen sind. Diese doppelte Behauptung muß begründet werden. Zunächst überrascht ihr erster Teil, denn Wells schuf viele Bücher, und dieses gehört zu den frühesten (es entstand als viertes nach der *Zeitmaschine,* dem *Unsichtbaren Menschen* und der *Insel des Doktor Moreau* im Jahre 1897). Wie es in der Widmung heißt, verdankte er den Einfall seinem Bruder; er plante die Sache lang und sorgfältig, und er durchwanderte – er war 28 Jahre alt – zu Fuß und mit dem Fahrrad die Anhöhen von Woking, um das Gelände der Invasion vom Mars zu erkunden, er untersuchte also wie ein Stratege am Vortage der Schlacht die Topographie der Gegend. Man kann ihn um diese Gewissenhaftigkeit beneiden, doch läßt sich die visionäre Kraft des *Kriegs der Welten* nicht auf sie zurückführen. *Tausende* von Autoren haben nach Wells das Thema aufgegriffen, dessen erster Entdecker er war – den Zusammenstoß der Menschheit mit einer außerirdischen Intelligenz – und doch erhebt sich nach so vielen Jahrzehnten dieses Buch noch immer wie ein nur einmal erreichter Gipfel über das Gewühl der Science Fiction. So muß man denn auch ohne Übertreibung zugeben, daß, je mehr Texte der modernen Phantastik man kennenlernt, das überragende Werk, mit dem diese Phantastik begann, einem um so größere Bewunderung abverlangt. Dabei standen den späteren Autoren sowohl Erkenntnisse zur Verfügung, von denen Wells nichts wußte, als auch künstlerische Techniken, die im Zeitraum von fast einem Jahrhundert sehr vervollkommnet wurden.

Wir stehen somit vor einem zweifachen Rätsel, denn wir können nicht verstehen, warum Wells selber nie wieder ein Werk schuf, das an Geschlossenheit und Schwung dem *Krieg*

* zur polnischen Ausgabe, Krakau 1974

der Welten gleichkam, noch können wir begreifen, warum das Buch, mit dem die Genealogie der Science Fiction beginnt, noch immer unerreicht ist. Dieses Rätsel hat mich beschäftigt, ja mehr noch, es hat mich jahrelang beunruhigt.

Die Vision muß sich mit dem Intellekt auf eine besondere Weise zu einer überaus delikaten Ausgewogenheit verbinden, wenn ihre Frucht den Rang eines Meisterwerks erlangen soll, den man daran erkennt, daß das Werk nicht nur in den folgenden Generationen nicht verblaßt, sondern im Gegenteil weitere Bedeutungen anzunehmen scheint, die seine Zeitgenossen nicht erkannt haben. Der geschichtliche Zeitablauf wirkt auf die Literatur wie der Wind auf das Feuer: kleine Flämmchen löscht er aus, aber starke Flammen facht er an. In der Phantastik tritt dieser Vorgang besonders deutlich zutage: realistische Werke von geringem Tiefgang altern und werden dadurch gleichsam stumm; phantastische Werke werden dagegen auf eine bösartige Weise kompromittiert, denn das, was in ihnen ernst oder gar bedrohlich wirken sollte, wirkt schließlich nur noch lächerlich. Wenn ein solcher Abstieg in gemilderter Form auftritt, verschwinden die Bücher nicht, sondern wechseln ihren Adressaten, wie etwa die Romane von Jules Verne, die für Erwachsene geschrieben wurden, aber heute nur noch von Kindern gelesen werden.

Der Krieg der Welten hält dagegen die einmal eingenommene Position unerschütterlich – wenn auch der letzte Krieg, der sich für so viele realistische Werke als ein so vernichtender Prüfstein erwies, diesen Roman von Wells durch eine neue, grausame Bedeutung aktualisierte, weil er – unter nicht vorhersehbaren Umständen – seine geschichtsphilosophische Aussage bestätigte. Das hat er bei diesem phantastischen Buch tatsächlich getan, denn Menschen aus meiner Generation werden sich, gerade in diesem so schrecklich heimgesuchten Lande, erinnern, wie wenige Bücher es damals gab, die man lesen konnte, ohne unwillig zu werden, ohne ein böses und zugleich schreckliches Überlegenheitsgefühl, das wir der persönlichen Einweihung in die Mechanismen der Zerschlagung einer Kultur verdankten. Und dabei besagt es nichts, daß das, was *uns* zu zermalmen drohte, eine Invasion von Menschen war, die von einer Doktrin des Völkermords getrieben waren, während eine Vernichtungsaktion *desselben* Umfangs in Wells' Roman auf eine erfundene Invasion vom Mars zurückgeht. Der junge Mann, der den *Krieg der Welten* verfaßte, besaß die überaus seltene soziologische Vorstellungskraft, denn er schrieb, ohne einen Krieg kennengelernt zu haben. Doch gerade diejenigen, die wie ich den Krieg in der modernen, vom Faschismus erfundenen Form des totalen Krieges erlebt haben, der auf die vollständige Vernichtung der Besiegten ausgeht, erkennen in diesem »phantastischen« Werk die unvergeßlichen Bilder der chaotischen Massenflucht, des Zerfalls der gesellschaftlichen Bindungen wieder, erkennen die Schnelligkeit, mit der der gesamte Ablauf des Lebens, all die traditionellen Gebräuche, all das, was wir als natürliches Menschenrecht betrachten, zu Staub zerfällt, erkennen, wie in einer solchen gesellschaftlichen Agonie Erscheinungen von schändlicher Gemeinheit unmittelbar neben einem ebenso grenzenlosen Heroismus auftreten, erkennen schließlich, zu was für extremen Haltungen eine so vollständige Niederlage führt, denn Wells verstand es mit seiner Intuition, die individuellen und kollektiven Reaktionen in einer zerschlagenen Kultur zu erfassen – und nicht nur die Zustände einer Gesellschaft, die in einem Krieg bezwungen wurde, der bei all seiner Grausamkeit Grenzen dieser Grausamkeit kennt. Ein Werk, das aus einer solchen zeitlichen Entfernung mit einer solchen Präzision zu einer allgemeingültigen Wahrheit zu gelangen vermag, muß man zur Epik zählen.

Der Krieg, den wir erlebt haben, war überaus real, und er hat Unmengen von Dokumenten hinterlassen, aber doch geschieht es sehr häufig, daß ich Bücher über diese Zeit, die von Angehörigen der nächsten Generation verfaßt sind, nicht ohne zorniges Widerstreben lesen kann, das durch das unüberwindliche Gefühl hervorgerufen wird, hier werde *gelogen*. Dann scheint es, als sei – und zwar innerhalb der realistischen Schriftstellerei – die persönliche Anteilnahme am Zusammenbruch und an der Zerschlagung einer Epoche durch keine Anstrengung der Phantasie zu ersetzen, doch gerade Wells' Roman widerlegt derartige Vermutungen. Unzweifelhaft kann man das schaffen, denn er hat es geschafft. Ich muß deshalb die lakonische, trockene, sachliche Fähigkeit rühmen, mit der Wells den Zusammenbruch der menschlichen Ordnung beobachtet, die alptraumhafte *Leichtigkeit,* mit der sie zerstört wird, ich bewundere seine Beobachtungsgabe, die ihn erkennen läßt, wie zerbrechlich im Grunde die Fundamente unserer jahrhundertealten Errungenschaften sind und wie weniger sorgfältig gezielter Stöße es bedarf, um sie zunichte zu machen.

Ich gehe so ausführlich auf diese ganz und gar nicht phantastische Seite der Sache ein, weil *Der Krieg der Welten* seine Lebensfähigkeit *dieser* Wahrheit verdankt. Wie wir sehen, kann nur eine auf absolutem Realismus der Einzelheiten begründete, in allen individuellen und kollektiven Reaktionen glaubhafte Erzählung den Rang eines Meisterwerkes erlangen; das Visionäre der Phantastik erweist sich dann als nachprüfbar, wenn es aus erfundenen Elementen eine Wirklichkeit zusammenzusetzen versteht, die von der historischen Erfahrung bestätigt wird. Etwas Fiktives löst Wirkungen aus, die mit Sicherheit echt sind und sich als solche aufdrängen – das ist die knappste Formel für diese Art von Schöpfung.

Als Helden des *Kriegs der Welten* bezeichne ich deshalb die Menschheit, die als »niedere Rasse« dargestellt wird, als eine Gattung, die von ihren Bezwingern absolut *nichts* zu erwarten hat.

Wenn ich das sage, betrachte ich das Buch natürlich unter dem Aspekt meines eigenen Schicksals, das heißt, ich messe seinen Inhalt an einem Wissen, das aus eigenem Erleben stammt und nicht aus irgendwelchen Ideen, die für mich sekundär sind gegenüber der Wirklichkeit, weil sie der oberste Richter über all unsere Werke und damit auch über die literarischen ist. Letztlich muß man deshalb zugeben, daß *Der Krieg der Welten* seine Überlebensfähigkeit seinem visionären Realismus verdankt, seiner Fähigkeit, weiter vorzustoßen, als das innerhalb der Grenzen der jeweiligen Gegenwart möglich ist: dementsprechend ist dieser Roman für mich heute weniger phantastisch als vor dreißig Jahren, als ich ihn zum erstenmal las, und gerade deshalb hat er mir etwas zu sagen.

Wenn wir unseren Blick nun den Invasoren vom Mars

zuwenden, müssen wir uns bewußt machen, vor welcher heiklen Aufgabe hier der Schriftsteller stand, denn nachdem er sich einmal auf das Kalkül des *Realismus* eingelassen hatte, mußte er – auch hier – sowohl präzise Konkretion als auch eine so ungewöhnliche *Andersartigkeit* bieten, die es dem Leser nicht gestattete, in den kosmischen Ankömmlingen bloße Vogelscheuchen, also verkleidete Gestalten zu erkennen. Das bedeutet, daß sowohl sie selbst als auch ihre Rüstung sowohl ganz und gar unmenschlich als auch funktional dargestellt werden mußten. Als Schöpfer der Kriegstechnologie der Marsleute ist Wells ebenfalls nicht zu übertreffen. Ihre Kriegs- und Arbeitsmaschinen sind für uns heute etwas, was wir in sicherlich nicht allzu ferner Zukunft selbst verwirklichen werden, soweit es um das *Prinzip* geht, nicht aber um die äußere Gestalt; was einmal zu Arbeitsmaschinen werden könnte, sind die sogenannten »Pedipulatoren«, von denen es bereits Prototypen gibt. Ein Kybernetiker von heute würde in den Arbeitsmaschinen einen bestimmten Typ von »Symbionten« sehen, eine Verbindung zwischen Mechanismus und Lebewesen, dazu bestimmt, alle erdenklichen Arbeiten auszuführen und nicht nur zur Fortbewegung, der die »Pedipulatoren« dienen sollen. Den Hitzstrahl kann man als einen mächtigen Laser deuten, und der schwarze Rauch ist natürlich ein Kampfgas; dabei ist allerdings zu betonen, daß diese Inkarnationen technischer Vorstellungskraft nicht nur »futurologisch« beglaubigt sind, denn was sie so erschütternd wirken läßt, ist die Gestalt, in welche die Wellssche Imagination sie gekleidet hat.

Denn – das gebe ich zumindest für meine Person zu – es gibt wohl nichts Unheimlicheres an den Marsleuten als den Kontrast zwischen ihrer eigentümlichen physiologischen, schwerfälligen Unbeholfenheit und der enormen Behendigkeit ihrer schreitenden Maschinen, jener Dreifüße, denen nichts Irdisches gleicht. Der heutige Experte sieht in diesen Maschinen die Verkörperung der allerneuesten und wohl verheißungsvollsten Konzeptionen der Bionik, das heißt eine künstliche Nachahmung und Vervollkommnung jener Lösungen, welche die natürliche Evolution des Lebens schuf.

Dennoch beruht der Roman nicht auf diesem technologischen, die realen Erfindungsmöglichkeiten voraussehenden Einfallsreichtum, sondern auf der sicheren Verschmelzung all seiner Realien zu einer Einheit, in der alle Einzeldinge dem Ganzen dienen und ihr spezifisches Maß haben. Ich streife hier ein gewisses Geheimnis der Schriftstellerei, das sich diskursiv nicht erschöpfend darstellen läßt und das ich auf doppelte Weise kennzeichnen möchte. Zunächst ist es so, daß ein wohlgelungenes Werk zu etwas Objektivem wird und sich von seinem Schöpfer derart unabhängig macht, daß es gewissermaßen klüger wird als er, denn es vermag – was ich oben hervorzuheben versuchte – seinen späteren Lesern sogar Dinge zu sagen, die der Autor selbst nicht mit gleicher Klarheit gewußt hat. Es erlangt also gleichsam eine gewisse Verwandtschaft mit der Allgemeingültigkeit der wissenschaftlichen Theorie, die in der Zukunft durch Tatsachen bestätigt wird, welche derjenige, der sie formulierte, nicht kannte, weil er sie nicht kennen konnte.

Geht man nun an dieses Geheimnis von einer anderen Seite aus heran, so manifestiert sich in allen, sowohl gesellschaftlichen und gruppenmäßigen als auch individuellen Handlungen stets eine ihnen eigentümliche Struktur, in der Ordnung und Zufall sich vermischen, in der das Akzidentelle mit dem Gesetzmäßigen, das Planmäßige mit dem, was niemand vorhergesehen hat, was sich zufällig ergab, zusammenwächst; eine jegliche Realität hat ihre ehernen Gesetze und ihre Launen, es herrscht Ordnung in der Unberechenbarkeit, und Unberechenbarkeit in der Logik; und wenn es schon schwierig ist, diese verwickelte Legierung von heterogenen Elementen überhaupt in einer Romanhandlung darzustellen, so wird diese Aufgabe in einer phantastischen Erzählung zu den schwierigsten, die man sich nur denken kann. Soweit ich weiß, hat wohl noch niemand das kriegerische Vorgehen der Marsleute und die Niederlage der Menschen, so wie sie in Wells' Roman dargestellt werden, in dem Sinne analysiert, wie der Militärhistoriker die großen Schlachten analysiert, und so kann ich nur intuitiv behaupten, daß in den Handlungen beider Seiten unzweifelhaft ein Stück Wahrscheinlichkeit steckt: hier wurden genau die Mittel in die Handlung eingeführt, hier waren genau die Strategie und Taktik wirksam, derer es bedurfte, um das für die Menschen entsetzliche, aber von den Marsleuten gewünschte Ziel zu erreichen.

Da ich diesem Werk schon dermaßen gehuldigt habe, wird es mir erlaubt sein, einen einzigen Einwand gegen es vorzutragen. Was mich an den Marsleuten stört, ist der völlige Mangel an Kultur, aber natürlich nicht an einer solidaristisch und anthropozentrisch verstandenen Kultur, denn das wäre eine sinnlose Forderung.

Die Marsleute werden im Roman als ein Kollektiv geschildert: es sind geschlechtslose Wesen, die sich durch Knospung vermehren, und sie kennen keine andere Ethik als die Ethik einer rein sachlichen Zusammenarbeit, die sich auf der Erde als eine militärische Zusammenarbeit darstellt, denn natürlich müssen sie kooperieren, wenn sie den Planeten unterwerfen wollen. Nun erscheinen mir Wesen, die so restlos in ihrer Handlungs- und Denkmotivation auf sogenannte instrumentelle Werte reduziert sind, unmöglich oder zumindest einfach nicht überzeugend.

Intelligenz *muß,* wenn sie wirklich Intelligenz ist, über die Gerätschaften hinausgehen, die sie hervorbringt, um das Leben aufrechtzuerhalten, das ihr die Daseinsberechtigung gab. Intelligenz muß demnach *neugierig* sein, und diese ihre Eigenschaft enthält stets eine gewisse Beimischung von *Selbstlosigkeit.* Das läßt sich sogar unter Berufung auf die Geschichte der Wissenschaft beweisen: hätte sie sich immer nur mit dem befaßt, was scheinbar die Entdeckung von etwas *praktisch* Brauchbarem verhieß, dann wäre sie in ihrer Entwicklung nicht weit gekommen. Die Marsleute müßten sich demnach zumindest in dem Maße mit den Menschen befassen, in dem wir uns mit Krustentieren oder Pflanzen befassen, die für uns völlig unbrauchbar sind, und das heißt: sie müßten die Menschen untersuchen, sowohl in physiologischer als auch in geistiger Hinsicht, und ihnen nicht nur das Blut aussaugen, nachdem sie erkannt haben, daß unsere Gattung nicht die schlechteste Art von Nahrung darstellt. Sie verhalten sich jedoch gleichsam instinktiv, wie vampirartige Räuber, und das scheint mir nicht mit der Annahme zusammenzupassen, daß sie Intelligenz besitzen, und sei diese in der praktizierten Moral auch noch so grausam. Im übrigen hinterlassen sie nicht die geringsten Spuren einer eigenen Kultur, nichts, was Informationen oder Dokumente enthielte, absolut nichts außer den rätselhaften Maschinen. Auch darin sehe ich einen erheblichen Mangel des Romans. Wells hat sie auf einen aggressiven, bloßen Funktionalismus reduziert, so als wären sie selbst programmierte Maschinen, nicht aber große Gehirne, und deshalb nehme ich an, daß Wells so verfuhr, weil er an der Frage, wie eine nichtmenschliche Zivilisation von einem anderen Planeten beschaffen sein könnte, also auf welchen Werten sie beruhen und welchen Zielen sie den Primat einräumen könnte, einfach nicht interessiert war. Hier erst stoßen wir auf die – tief verborgene! – allegorische Intention dieses Werkes, die sich in der völligen Gleichgültigkeit des Autors für die eben genannte Frage äußert. Die Marsleute sind nämlich ein Instrument, das nach dem Willen des Autors ein schreckliches Experiment durchführt, um den Menschen die Augen zu öffnen, das heißt, um ihre vergänglichen Errungenschaften vor dem gigantischen Hintergrund der irdischen wie auch der kosmischen Geschichte sichtbar zu machen. Auf diese Spur führt uns auch eine eigentümliche Übereinstimmung einer sich in den Romanen von Wells wiederholenden Konzeption. Ein Artillerist, einer der Helden des Werkes, sieht im Gespräch mit dem Erzähler eine Spaltung der Menschheit voraus: Nach der Niederlage wird ein Teil der Menschheit, der unter der Herrschaft der Marsleute bleibt, zu ihrem Schlachtvieh, wird ihnen möglicherweise dienen; dabei wird er in extreme Zustände einer mystischen Psychose verfallen, die dem Geist die letzte Zuflucht bietet, oder er wird in offene Promiskuität verfallen, in eine an Selbstverrat grenzende verächtliche Unterwürfigkeit. Der andere Teil der Menschheit wird sich unter der Erde verstecken, in alten Kanälen, und diese Flüchtigen werden auf Befehl der Marsleute die entsprechend erzogenen und darauf abgerichteten menschlichen Sklaven aufspüren.

Weil die große und verdiente Achtung, welcher sich das Werk Kafkas bei den Literaten erfreut, mit dem Hinweis begründet worden ist, Kafka habe in der *Strafkolonie* die

Konzentrationslager, d. h. das *Ausmaß* des Verrats vorhergesehen, zu dem der Mensch gegenüber dem Menschen fähig ist, wage ich bei dieser Gelegenheit anzumerken, daß Wells den für diese Prophezeiung zentralen Gedanken ein Vierteljahrhundert früher geäußert hat. Die Menschen mußten für die Marsleute Menschen jagen: Wie man sieht, hat dieser Humanist und Reformer keine übertrieben schmeichelhaften Ansichten über unsere Natur gehegt.

Die Spaltung der Menschheit, die im *Krieg der Welten* nur flüchtig als Mutmaßung eines Menschen geäußert wird, der angesichts der Katastrophe verzweifelt, hat Wells schon früher realisiert – in der *Zeitmaschine,* wo er die Menschheit des Jahres 800 000 schildert, zu einer Zeit, da die Eloi in einem irdischen Arkadien leben, während sich die Morlocks unter der Erde drängen. In diesen übereinstimmend geschichteten Bildern drückt sich, wie man vermuten darf, ein von Wells unbewußt aufgenommenes mythisches Motiv aus, der Mythos von Arkadien und Hades, von Himmel und Hölle. In der *Zeitmaschine* ist der Himmel natürlich kein wirkliches Paradies, sondern die höhnische Karikatur eines Paradieses, denn die unschuldigen und schönen Eloi sind gleichzeitig die von Trägheit abgestumpften, gedankenlosen Nachfahren der herrschenden Klassen, während die Morlocks – »ein vollkommen degeneriertes Proletariat« –, die die Zivilisationsmaschine in Gang halten, den Eloi nicht nur dienen, sondern sich auch von ihrem Fleisch ernähren.

Der Krieg der Welten trägt die Umkehrung dieses Gedankens vor: nur *unter* der Erde kann der Mensch noch einen Rest von Unabhängigkeit finden – nach der Niederlage. Zugleich ist aber diesen beiden Motiven ein tief beunruhigendes kannibalistisches Motiv gemeinsam: die Morlocks ernähren sich von den Eloi so wie die Marsleute von den Menschen.

Ich tue Wells wohl keinen Abbruch, wenn ich erkläre, daß mir dies ein bißchen zuviel ist – und zwar nicht aus irgendwelchen moralischen oder gar moralistischen Bedenken, denn ein Schriftsteller hat – besonders in unserer Epoche – nicht das *Recht,* die Augen vor den Ansätzen von Grausamkeit zu verschließen, die in jeglichem zivilisierten Dasein enthalten sind. Mir geht es darum, daß die vampirartige Physiologie der Marsleute im doppelten Sinne überflüssig ist. Zunächst auf der Ebene einer rein naturwissenschaftlichen Überlegung, denn es ist überaus unwahrscheinlich, daß Organismen, die innerhalb einer bestimmten planetaren Evolution von Leben entstanden sind, anderen Organismen, die sich innerhalb einer anderen evolutionären Ordnung herausgebildet haben, als Nahrung dienen können. Nicht einmal auf der Erde, deren einziger Evolutionsbaum ja gemeinsame Wurzeln hat, kann jede Tierart sich von einer beliebigen anderen ernähren, und das gilt erst recht angesichts der ungeheuren kosmischen Isolation, welche die Anatomie und Physiologie von Lebewesen, die völlig unabhängig voneinander entstehen, einander fremd werden läßt. Im übrigen weiß der Naturwissenschaftler – auch wenn das trivial klingen mag –, wie gering der Nährwert von Blut ist; ein Wesen von den Dimensionen des Menschen oder des Marsmannes müßte, um davon leben zu können, mindestens ein Dutzend Liter Blut täglich konsumieren; aber schon die unmittelbare Einleitung dieses Blutes in die Adern des Marsmannes ist biologisch vollkommen unglaubhaft. Doch dieser Einwand, den ich gegen einen Verismus erhebe, der sich rein wissenschaftlich versteht, ist zweitrangiger Natur. Wesentlich bedeutsamer erscheint mir, daß die buchstäbliche Blutsaugerei der Marsleute mit ihrem malerischen Horror in künstlerischer Hinsicht vollkommen unnötig ist und deshalb den einzigen erzählerischen Effekt darstellt, der, wie ich meine, billig ist, weil er absichtlich auf den Schock zielt. Freilich geht es hier um Probleme des kompositorischen Geschmacks, die nicht irgendwelchen überprüfbaren Entscheidungskriterien unterliegen können.

Man möge mir verzeihen, wenn ich mir am Ende dieses Teils meiner Anmerkungen die Unverschämtheit der Impersonation erlaube: Wenn ich den *Krieg der Welten* schreiben würde, dann würde ich die Marsleute die Menschen untersuchen lassen, und wenn es sein müßte, auch auf dem Wege der Vivisektion, doch ein »konsumtives« Motiv würde ich nicht hineinbringen, aber darüber hinaus würde ich – und das erscheint mir wichtiger – nicht die Unterwerfung der Menschheit zum Ziel der Invasoren machen, jene Unterwerfung, die sich für uns Zeitgenossen so erschütternd genau mit dem menschenmörderischen Plan der Faschisten deckt.

Was ich sichtbar und dadurch verständlich machen würde, wäre allein der kriegerische Zusammenstoß, während ich die Ziele der Marsleute vor den Menschen verschleiern und für sie unerkennbar machen würde. Den Marsleuten würde so nicht der Plan vorschweben, die Zivilisation zu zertrümmern, um die Terraner zu versklaven oder sie in eine »Nahrungsmittelreserve« zu verwandeln, sondern ein anderes Ziel, das in einem vom menschlichen Handlungsmuster abweichenden Verfahren festgelegt würde. Falls jemand zu verstehen wünschte, welche Kluft zwischen den Auffassungen der Menschen und der Marsleute besteht, so möge er beispielsweise darüber nachdenken, daß bei der Aussiedlung der gesamten Bevölkerung aus dem Archipel, auf dem ein amerikanischer Wasserbombentest durchgeführt werden sollte, die Eingeborenen sicherlich nichts von dem, was sich abspielte, begriffen, obwohl sie in einem einzigen Augenblick ihres uralten Territoriums und ihrer Habe beraubt wurden. In meiner hypothetischen Schöpfung würden also die Marsleute zwar ähnlich handeln wie im Wellsschen Werk, aber nur, um die Menschen von sich fernzuhalten, damit die Menschen sie nicht in ihrer eigentlichen Absicht stören würden, für die als Basis die Erde dienen sollte. Die Grundlage einer solchen Konstruktion wäre das Prinzip, demzufolge ein Unterschied im Grad der zivilisatorischen Entwicklung zu einer unterschiedlichen Tendenz der zielgerichteten Handlungen führt, so daß die radikal verschiedenen Ausrichtungen der kollektiven Anstrengung eine Asymmetrie der Unverständlichkeit zur Folge haben: die in der Geschichte später Auftretenden können die früher Auftretenden nicht verstehen, weil es ihnen dafür an den nötigen Kenntnissen und damit auch an den nötigen Begriffen fehlt. Ein solcher Plan erscheint mir in geschichtsphilosophischer Hinsicht rationaler, während er unter künstlerischem Aspekt zu einer recht höhnischen Aussage führen würde, denn die irdische Zivilisation muß von dem Eindringling »nur beiseitegeschafft« werden, da sie für ihn ein Hindernis ist, und allein deshalb fällt sie der Vernichtung zum Opfer. Ich bin mir allerdings durchaus dessen bewußt, daß meine Bemerkungen einigermaßen unhistorisch sind: eine solche Konzeption war zu Wells' Zeiten noch irreal.

Wells ließ in seinen späteren Büchern nach, obwohl es darunter nicht an Werken voller Erfindungskraft fehlt, doch schuf er nie wieder ein so umfassendes, ein so tiefes und deshalb der zerstörenden Wirkung des Zeitablaufs widerstehendes Panorama, und ich glaube sagen zu können, daß ich weiß, weshalb das so war. Es war die Zeit des prunkvoll begangenen Krönungsjubiläums der Königin Victoria, der Höhepunkt des viktorianischen Zeitalters, als das britische Imperium die erste Macht auf dem Planeten war, und inmitten dieses vollkommenen, stagnierenden Dünkels, in dem der von zufriedenem Stolz auf seine Leistungen erfüllte Optimismus des 19. Jahrhunderts kulminierte, versetzte Wells, um die erstarrten, engen Horizonte zu sprengen, der ethnozentrischen Überheblichkeit seiner Zeitgenossen nacheinander verschiedene Stöße. Den ersten Stoß – aus der Zeit heraus – führte er mit dem Roman *The Time Machine,* wo er zeigte, daß Epochen und Gesellschaftsordnungen vergänglich und daher etwas Flüchtiges sind, wo er zeigte, wie sie untergehen, obwohl sie in jeder Generation glauben, ein unerschütterlicher Fels zu sein. Zugleich entwarf er eine monströse Extrapolation aus der von ihm vorgefundenen Ordnung, indem er aus Bourgeoisie und Proletariat die Ungeheuer der Eloi und Morlocks machte.

Den anderen Stoß führte er aus dem Raum heraus – eben mit dem *Krieg der Welten,* doch finden wir in diesem Roman, ausgegeben als Zitate aus gelehrten Zeitschriften, deutliche Aussagen, daß das Äußere und die Handlungsweise der Marsleute nicht nur eine aktuelle Eigenschaft einer anderen, außerirdischen Kultur seien, sondern daß dies gleichzeitig die Zukunft des Menschen selber sei.

Wells hat also zweimal ein und dieselbe leitende Idee in die Gestalt einer realistisch ausgeführten Allegorie gekleidet.

Er rannte mit diesen Visionen gegen den versteinerten Viktorianismus an, wie ein Archimedes der Literatur, der nur nach dem richtigen Stützpunkt sucht, um die Trägheit des allgemeinen Denkens aus den Angeln heben zu können. Davon ist bei ihm später allerdings wenig geblieben; aus einem visionären Künstler, aus einem Mahner zur Besinnung, der in Allegorien spricht, verwandelte er sich in einen Aktivisten der sozialen Reform. Sein Intellekt unterwarf sich denn auch sein Künstlertum, und er begann, zur Belletristik umgeformte Traktate, soziale Utopien und Antiutopien zu verfassen, deren kritisch-rationale Fracht die Eigenständigkeit der Phantasie erdrückte (wie beispielsweise in den *Ersten Menschen auf dem Mond,* einem Buch, das sich unverhüllt gegen irdische Ordnungen richtet und gerade durch diese Unverhülltheit als Erzählung auseinanderfällt in teils stärker phantastische, teils rein diskursive Bruchstücke). Die edlen Absichten dieser Werke sind aller Ehren wert, doch gerade diese Intention machte Wells selber am Ende innerhalb seines schriftstellerischen Wirkens zu einem Utopisten – in dem einfachen Sinne, daß er so handelte, als glaube er an die Möglichkeit, die Welt durch die Literatur zu verändern. Dieser Traum – der ehrgeizigste, den ein Schriftsteller entwickeln kann – ist leider nur ein Wunschtraum. Wells hat seinen späteren Büchern das Rückgrat gebrochen, indem er ihnen Lasten aufbürdete, die sie nicht tragen konnten; er gab die Vision auf zugunsten der Ratio, und machte aus den Büchern Instrumente einer unmittelbaren, deutlichen Beeinflussung, Bekehrung, Überredung und Belehrung. Empfehlungen und Direktiven stellte er über die Kraft des künstlerischen Ausdrucks, belehrende Vorträge stellte er über die Kunst, und er mischte sich an allen Fronten in die soziologische und anthropologische Diskussion ein; er schuf auch bedeutsame Werke wie etwa seine *Geschichte unserer Welt,* doch einen so großen *Roman* wie den *Krieg der Welten* brachte er nicht mehr hervor. Man könnte deshalb sagen, daß er sein Schöpfertum, sein Talent der Welt auf eine Weise zum Opfer brachte, die dieser Welt keinen großen realen Nutzen bringen konnte – aber schließlich opferte er, was das Beste an ihm war und was er in höchstem Maße besaß; so erklärte er denn, mahnte er, stritt er mit dem Wort, um am Ende seines Lebens in tiefem Pessimismus über das weitere Schicksal unserer Gattung zu versinken, denn er rechnete mit der

Freisetzung der Atomenergie in einer Welt, in der niemand oder doch fast niemand auf ihn hören wollte.

Diese Opfertat, die sich über Jahrzehnte eines unerhört arbeitsamen, moralisch untadeligen Lebens erstreckte, war, wie schon gesagt, utopisch. Wells, der den Menschen durch die Literatur allzu viel Hilfe bringen wollte, legte die Literatur in seinem eigenen Werke lahm, ohne dafür etwas Gleichwertiges geben zu können.

Dies ist natürlich allein meine Hypothese, und ich kann mich darin täuschen; schließlich trage ich nur meine eigenen Überzeugungen vor. Nach diesen Überzeugungen muß man von der Literatur viel verlangen – aber nicht ohne Mäßigung. Grenzenlose Forderungen lähmen sie ebenso wie minimalistische Forderungen, die sie zu einem sinnlosen Zeitvertreib machen.

Um die Lösung des zweiten eingangs dieser Bemerkungen genannten Rätsels, warum nicht nur Wells selbst, sondern auch nach ihm niemand die durch den *Krieg der Welten* aufgeworfene Problematik der Perspektiven der Zivilisation auf der Höhe dieses Romans aufgegriffen hat, habe ich mich vor einigen Jahren in einer monographischen Studie über die Science Fiction bemüht.*

Die Ausführungen, mit denen ich dort nahezu tausend Seiten füllte, finden hier keinen Platz und ich will sie auch nicht wiederholen, und so möchte ich nur in Gestalt einer knappen Bemerkung vortragen, was ich in der genannten Monographie zu sagen versäumte. So sehr die dort dargestellten Faktoren literaturgeschichtlicher und kommerzieller Natur sowie weitere Faktoren, die ich nicht erwähne, an der Entartung der Phantastik ihren Anteil hatten, so daß sie auf das Niveau künstlerischen Kitsches und intellektuellen Schunds herabsank, muß man loyalerweise hinzufügen, daß die Lage der Zivilisation sich im Laufe der fast neunzig Jahre, die uns von der Entstehung des *Kriegs der Welten* trennen, um 180 Grad geändert, das heißt vollständig umgekehrt hat. Wells schrieb in einer Welt, die zur Immobilität erstarrt war, die – und das ist das Entscheidende – überzeugt war, daß sie stabil sei, daß sie keinen Katastrophen oder Wandlungen

* Phantastik und Futurologie, polnische Ausgabe: Krakau 1970

unterliegen würde. Deshalb auch haben seine ersten, treffendsten Werke die Horizonte geöffnet und die heraufziehenden Erschütterungen der Zivilisation vorausgesagt.

Wir leben dagegen in einer Welt, in der nichts mehr so sicher ist wie die Feststellung, daß der morgige Tag keine Wiederholung des gestrigen Tags sein wird. Das Bewußtsein des Wandels und seiner wachsenden Beschleunigung, die weder von sich aus eine Tendenz zum Stillstand zeigt noch sich an einer gemeinsam festgelegten Grenze aufhalten läßt, ist bereits Allgemeingut geworden.

Wenn daher von den Aufgaben der Literatur die Rede ist, können wir jene Aufgaben, vor denen Wells stand, nicht zu ihnen zählen. Einen Menschen, der bereits wach ist, kann man nicht wecken, so wenig wie man Amerika ein zweites Mal entdecken kann.

Heute kann *Der Krieg der Welten* deshalb nur epigonenhafte Fortsetzungen finden, die geschichtsphilosophisch insofern gegenstandslos sind, als ein Suchen nach den Ursachen für die Katastrophe der Menschheit in den kosmischen Fernen gleichbedeutend damit wäre, sich im grellen Schein von Jupiterlampen den Weg mit Streichhölzern zu beleuchten. Es ist gewiß möglich, das Problem des Zusammenbruchs der Zivilisation und das Problem einer Intelligenz auf fremden Planeten literarisch anzugehen, aber nicht in der Verknüpfung, die Wells zwischen ihnen hergestellt hat. Was uns bedroht, ist unsere eigene Macht und deren Anwachsen – was kann uns da an allegorischen Romanen liegen, die kindischerweise den Strom der Geschichte mit einem Stöckchen umkehren wollen? Wells hat, wie ich sagte, in einer Zeit völliger Stagnation den gigantischen und unablässigen Wandel vorausgesagt. Wir, die Zeugen dieses Wandels, können den Vater und Meister der Gattung nicht mehr um Hilfe ersuchen. Wir können lediglich sein Jugendwerk bewundern, von der Gewissenhaftigkeit, die er darin zeigt, und von der Kraft der Vision lernen, die dem straffenden Zugriff der Vernunft unterworfen wird. Denn alles sonstige, angeblich freie Phantasieren ist im Grunde eine Flucht vor den brennenden Problemen der Welt, eine Flucht, die sich über ihre eigene Desertion etwas vormacht.

Lolita oder Stawrogin und Beatrice

I

Eines der Dinge, die mich bei der Literatur am meisten betrüben, ist das Fehlen von Maßstäben. Natürlich gibt es sie. Natürlich gibt es eine Unmenge von Fachleuten, die mein Bekenntnis für Unsinn halten und, sofern sie überhaupt mit mir diskutieren wollen (was ich bezweifle), entschlossen sind, mich zu vernichten durch eine genaue Aufzählung sowohl der objektiv feststellbaren Merkmale des Werts eines literarischen Werkes als auch der unendlich langen Liste von Titeln hervorragender und bedeutender Werke, deren allgemeine Anerkennung unwiderleglich beweist, daß meine Verzweiflung unbegründet ist. All das ist gewissermaßen richtig. Was tut man jedoch, wenn man weiß, daß von Zeit zu Zeit irgendwo ein Buch entsteht, dessen Wert jahrelang von niemandem erkannt wird, ein Ahasver-Buch, das von Verlag zu Verlag wandert, ein Manuskript, das in den Augen der fachmännischen Lektoren nicht vom Mittelmaß oder von direkt marktschreierischer Anmaßung zu unterscheiden ist, oder – was vielleicht noch schlimmer ist – ein Buch, das irgendwann irgendwo erscheint, aber so, als wäre es nicht vorhanden, weil es in irgendwelchen Bibliographien untergeht, bis es sich aufgrund unklarer Umstände plötzlich im Zentrum der Aufmerksamkeit der Fachwelt befindet und dank ihres verspäteten Urteils zum zweiten Mal, eigentlich aber zum ersten Mal richtig zu leben beginnt?

Man spricht ungern und nur hinter vorgehaltener Hand von der Frühgeschichte bedeutender Bücher, die ähnlich wie ein Stein, der in aufgeweichten Dreck gerät, zum Publikum gelangten. War das aber nicht zunächst das Schicksal des Werkes von Proust, bevor es zur Bibel der raffinierten Ästheten wurde? Besaßen denn die Franzosen von Anfang an so viel Geist, Kennerschaft und Geschmack, um die schriftstellerische Kunst Prousts zu erkennen? Warum wurde das umfängliche Werk Musils erst viele Jahre nach seinem Tode als ein Klassiker »entdeckt«? Was hatte die Kritik der zurückhaltenden und objektiven Engländer über die ersten Romane Conrads zu sagen? Das alles mag sich so verhalten haben, könnte jemand sagen, doch verdient es keine besondere Beachtung, denn schließlich fand jeder dieser Autoren die ihm gebührende Anerkennung, und sein Werk fand Zugang zum Publikum, und so braucht man sich wegen der Zeit, die zwischen der Äußerung des Künstlers und deren angemessener Beurteilung vergehen mußte, nicht die Kleider zu zerreißen.

Damit kann ich mich nicht gut abfinden. Dem aufmerksamen und verständigen Leser (hier ist schließlich von den Kennern die Rede!) erschließt sich ein Buch auf Anhieb, es sagt ihm alles, was es zu sagen hat, und was für rätselhafte Prozesse müssen erst noch ablaufen, bis sich nach Monaten oder Jahren ein Aufschrei des Entzückens seinen Lippen entringt? Wieviel ist ein derart verspätetes Entzücken wert? Wieso sollen wir an seine Aufrichtigkeit glauben? Wieso wird das, was zunächst unverständlich, langweilig, wertlos oder trivial, empörend, schamlos oder schließlich überflüssig und nutzlos war, zum Ausdruck einer Epoche, zur Kindheitsbeichte eines Zeitalters, zu einer uns erschütternden Neuentdeckung eines Menschen, von dem wir nichts wußten?

All diese Fragen stellte ich mir, nachdem ich Nabokovs *Lolita* ausgelesen hatte, ein Buch, das vor einigen Jahren ein Ereignis und zugleich ein literarischer Skandal war. Ich kenne seine Geschichte nicht im einzelnen. Ich weiß lediglich, daß es, von einer ganzen Reihe amerikanischer Verlage als unzensierbar abgelehnt, nach Frankreich gelangte, wo sich schließlich ein Verleger fand, der es zu veröffentlichen wagte – ein Verleger, der durchaus nicht als Geburtshelfer elitärer Werke bekannt ist, sondern der mit Hilfe von Lektoren, die sich in der Sache auskennen, gerade die Möglichkeit eines beträchtlichen Skandals vorhersah. Damit begann die schwindelerregende Karriere des Buches. Der bedachtsame englische Verleger (ich las die *Lolita* in der Ausgabe der »Corgi Books«) fügte dem Band eine ganze Anthologie von kritischen Lobeshymnen an, von Äußerungen namhafter Schriftsteller und Kritiker, die das Buch während seiner

Wanderschaft durch die Schubladen der Verlage irgendwie nicht erreicht hatte. Ihre von Anerkennung, ja sogar von Begeisterung erfüllten Urteile bedeuten uns, daß *Lolita* ein Werk von Weltrang sei, daß es mit Pornographie beileibe nichts zu tun habe, daß es mit dem *Ulysses* von Joyce vergleichbar sein usw. Es ist nicht meine Absicht, eine kritische Studie über *Lolita* zu schreiben. Ich bin dazu auch gar nicht berechtigt, zumal ich außer diesem Buch von dem schriftstellerischen Schaffen Nabokovs eigentlich nichts kenne, das, soweit ich weiß, nicht gering ist. Dreizehn Erzählungen von ihm, die mir vor einem Jahr in die Hand fielen, haben mich vollkommen kalt gelassen. Was er in ihnen zu sagen hatte, hat mich überhaupt nicht berührt. Es handelt sich dabei möglicherweise um hervorragende Schöpfungen, und mein Bekenntnis sagt vielleicht weniger etwas über ihre Lauheit als vielmehr über meine künstlerische Ignoranz aus; bei *Lolita* blieb ich jedoch nicht so taub, und deshalb diese Bemerkungen. Ich weiß allerdings nicht, ob es ein »epochemachendes«, »großes« Buch ist, auch wenn einige der ehrenwerten Fachleute, die der englische Herausgeber zitiert, Nabokovs Prosa auf Eliot, Baudelaire, James und Gott weiß wen sonst noch zurückführen. Mich haben diese achtbaren Verwandtschaftsbeziehungen wenig beeindruckt. Nabokov selbst teilt im Nachwort zu *Lolita* einige sehr interessante Dinge mit: Wie lange sich die Entstehung des Buches hinzog, wie es zu der ersten Inspiration zu diesem Buch noch in Paris während der vierziger Jahre kam, wo eine kleine Erzählung entstand von einem Mann, der eine kranke Frau heiratet, um nach deren Tod und dem mißlungenen Versuch, die Tochter dieser Frau zu vergewaltigen, durch Selbstmord zu enden, wie er später dieses Haupthandlungsmotiv in die Vereinigten Staaten verlagerte und mit dem Fleisch der Realitäten der Neuen Welt auffüllte. Er war im übrigen – vielleicht aufgrund eigener Erfahrung, vielleicht auf Anraten wohlmeinender Freunde – so vorsichtig, daß er dem Werk, einem fiktiven Tagebuch, ein ebenso fiktives Vorwort eines »Dr. phil. John Ray jr.« voranstellte; jener Doktor der Philosophie stellt das »Tagebuch« als die Erinnerungen eines im Gefängnis an einem Herzinfarkt gestorbenen Mannes vor, der seinen richtigen Namen und Vornamen hinter dem Pseudonym »Humbert Humbert« verbirgt. All diese Vorsichtsmaßnahmen reichten jedoch irgendwie nicht aus – und die Lektüre der Ratschläge ansonsten wohlmeinender Verleger, der verlagsinternen Rezensionen und offenen Verdammungsurteile, die den Roman während seiner langen Reise von einem Schreibtisch auf den anderen umwucherten, ist stellenweise ein nicht viel ärgeres »Zeitdokument« als das eigentliche Werk, denn die in ihnen sichtbar werdende Mischung aus Hilflosigkeit, Pseudokennerschaft und schließlich ungewollter Komik der Urteile bildet ein hervorragendes Pendant zur Atmosphäre der *Lolita.*

Da der Roman bei uns nicht erschienen ist, stelle ich meinen Bemerkungen, die, wie ich betonen möchte, keineswegs den Charakter einer systematischen Studie haben, ein Resumé der Handlung voran. Der Held stellt sich uns als ein Europäer vor, ein kultivierter Ästhet, der eigentlich keinen Beruf ausübt, als ein gemäßigter, »nichtpraktizierender« Anarchist, dessen Vater Franzose und ein wenig Schweizer ist und dessen Mutter in seiner frühen Kindheit starb – nach dieser Einführung betritt die Tagebucherzählung unvermittelt den Bereich der ersten erotischen Erfahrungen. Und nun wird eine Zusammenfassung schwierig. Denn nachzuerzählen, was dort geschah, und die Situation beim Namen zu nennen hieße, die Proportionen und darüber hinaus den Geist dieses Buches zu deformieren, gleichgültig, ob man es hinterher akzeptiert oder verwirft. Nun läßt sich der Handlungsfaden aber auch objektiv in der Sprache der angewandten Psychiatrie darstellen, und unter den zwei Übeln ziehe ich den »psychiatrischen« Ansatz vor.

Der »Fall«, den Humbert also darstellt, fühlte sich seit frühester Jugend zu den Mädchen hingezogen, nicht zu Kindern, sondern zu jungen Dingern, und dieser Hang verknüpft sich in seiner Autobiographie mit den ersten erotischen Erfahrungen der Knabenzeit (gewiß wird mancher Sachkenner behaupten, daß diese Hypothese falsch sei, weil ähnliche Kontakte bei der überwältigenden Mehrheit der Männer keine Spuren einer Abweichung hinterlassen, welche den Bereich erotischer Erlebnisse für das ganze Leben präformiert, doch lassen wir das beiseite). Nach einer ebenso unglücklichen wie zufälligen Ehe, die mit der Scheidung endet (eine Geschichte mit tragikomischem Einschlag, ja sogar mit einem Hang zur Farce), nach schrecklichen Enttäuschungen und Beschämungen, die er erlebte, weil die ihn quälende Neigung in das Milieu der käuflichen, professionellen Liebe führte, übersiedelt er, mit einer gewissen Erbschaft ausgestattet, in die Vereinigten Staaten. Hier nun kommt er nach einem kurzen Zwischenspiel, nach der eher zufälligen Teilnahme an einer wissenschaftlichen Expedition, nach der Veröffentlichung irgendwelcher Artikel (aus nicht ganz klaren Gründen: Depression, Melancholie) ins Sanatorium. Der Autor weist auf diesen Aspekt der Anomalität des Helden, der gewissermaßen das Medium darstellt, welches seine ebenso anomale Libido trägt, am Rande, wenn auch recht ostentativ hin, denn einerseits ist diese »Gemütsschwäche« so bedeutsam, daß sie den Helden zweimal in ein Nervenheilsanatorium führt, andererseits ist sie jedoch so unbedeutend, daß Humbert dank seiner Intelligenz die Ärzte täuschen kann, die in ihrer Diagnose von einem Verdacht auf Homosexualität und Impotenz sprechen – nur nicht von der auch vor der Welt der Ärzte sorgsam gehüteten Perversion.

Endgültig geheilt, begibt er sich zum Hause von Mrs. Charlotte Haze, einer Witwe, die ihm gern eine Wohnung vermieten würde. Doch abgestoßen von der unerträglichen Atmosphäre dieser pseudo-kultivierten amerikanischen Behausung und von der ganzen Person der einem »dünnen Aufguß von Marlene Dietrich« ähnelnden und ein schreckliches Französisch sprechenden Frau Haze, entschließt er sich bereits zum Rückzug, als das Schicksal ihn das zwölfjährige Töchterchen der Witwe erblicken läßt. Diese Kleine Dolores, Lolita oder Lo, wie er sie in seinen verzweifelten Wunschträumen und in seinem ebenso verzweifelten Wachbewußtsein nennen wird, bestimmt seine Entscheidung. Er bleibt in diesem amerikanischen Haus und beginnt ein Tagebuch zu führen, in dem sich an der Gestalt des zwölfjährigen Mädchens höllische Explosionen der Begierde und infantiler Träume entzünden. Unbedeutende und zufällige Kontakte mit ihr sind der ausschließliche und natürlich sorgsam verborgene Inhalt seines Daseins. Die Abreise der Kleinen in ein Sommerlager für Mädchen wird beinahe zur Katastrophe. Indessen verliebt sich Lolitas Mutter in Humbert, der, zunächst verstört, darin eine Chance sieht, dem Objekt seiner Begierde näherzukommen, und heiratet; auf die Nachricht hin, daß die frischgebackene Ehefrau Lolita ganz aus dem Haus haben und in ein Internat schicken will, macht sich Humbert Gedanken über die Möglichkeit eines »perfekten Mordes«, doch als sich beim Baden die Gelegenheit ergibt, kann er sich nicht zur Tat aufraffen. Die nächste Katastrophe: die liebende Gattin entdeckt das perverse Tagebuch, und der vom Ausbruch der Verachtung getroffene Humbert zieht sich in die Küche zurück, als das Telefon klingelt: seine Frau (sie eilte mit Briefen, die sie nach der fatalen Entdeckung geschrieben hatte, zum Briefkasten) war von einem Auto überfahren worden.

Ein stilles Begräbnis, und »Papa« begibt sich zu der »kleinen Waise«, der er einstweilen noch nichts über den Tod der (im übrigen ungeliebten) Mutter sagt. Sie besteigen das Auto. So beginnt die sexuelle Odyssee durch die Motels, Touristenhotels, Nationalparks und alle möglichen und unmöglichen »Sehenswürdigkeiten« der Staaten. Die erste gemeinsame Nacht. Nichts Drastisches in der Beschreibung, sondern nur der Schock, nicht der erste und nicht der letzte für diese europäischen »Perversen«, als er von dem »Töchterlein« erfährt, daß sexuelle Dinge ihm nicht fremd sind. Bei dem Mädchencamp hatte es einen dreizehnjährigen Jungen gegeben, ihren ersten, nicht aus Liebe oder Verlangen, sondern aus Neugierde, weil eine Freundin Lolitas es gemacht hatte und damit das Vorbild lieferte, und nun verführt Lo – um Humberts Worte zu benutzen – diesen ihren »Stiefvater«.

Im folgenden beginnen Details – nicht aus dem Bereich der Physiologie oder gar der sexuellen Psychopathologie, sondern moralisch-psychologischer Natur – die wichtigste Rolle zu spielen, so daß eine Zusammenfassung zu einer immer undankbareren Aufgabe wird. Die Kleine bleibt, um es vorweg zu sagen, bis zum Ende dieses sowohl makabren als auch komischen, letztlich aber für beide Seiten entsetzlichen

Zusammenlebens sexuell unaufgeweckt. Sowohl zärtlichste Liebkosungen als auch Geschlechtsakte von bestialischer Härte sind für Lo – namentlich nach einer kurzen Zeit der Gewöhnung (denn woran kann ein menschliches Wesen sich am Ende nicht gewöhnen) – nichts anderes als ein Tribut, den sie dem »Stiefvater« entrichtet, dem keine erdenkliche Erniedrigung vor diesem Mädchenkind erspart bleibt. Ständige Reisen, so viele Geschenke, wie Humbert sich nur leisten kann, abgeschmackte, erhabene, lächerliche, wirkungslose Bemühungen, die Kleine in Humberts geistige Welt einzuführen, zwischendurch Streitigkeiten und nächtliches Schluchzen, ferner Anfälle von wilder Eifersucht (er ohrfeigt das Kind) wegen irgendeines hübschen Tankwarts, wegen jedes Augenpaares, das auf Lolita ruht; auf diesen, im »Motel« spielenden Teil des Romans folgt ein »stationärer«, als der »gute Vater« das »Töchterchen« auf eine »moderne amerikanische Schule« gibt, wo eine gescheite Erzieherin ihm, dem altmodischen Europäer, zu erklären versucht, daß er sich unter anderem mit ersten vorsexuellen Kontakten des »Töchterchens« mit heranwachsenden Burschen ihres Alters abfinden müsse. Neue Eifersüchteleien, Streitigkeiten, moralisches Abgleiten des Zusammenlebens, denn es kommt dahin, daß »Papa« Zärtlichkeiten erkauft, weil die Kleine damit geizt und ihn erfolgreich erpreßt; er schreckt sie wiederum mit dem Gespenst, sie in ein strenges Erziehungsheim zu sperren, falls sie die Beziehung, die sie verbindet, verraten sollte, was ihn ins Gefängnis brächte. Dieses »Paradies mit einem Himmel höllischer Flammen« endet damit, daß sie sich auf eine weitere Reise begeben, auf der ein bekannter Schriftsteller, der gleichfalls ein bißchen pervers ist, Lolita mit ihrem Einverständnis entführt. Humbert sucht zwei Jahre lang vergeblich nach ihr und dem »Verführer«, lebt von Tag zu Tag, bis ein Brief von Lo kommt, die (siebzehnjährig) inzwischen geheiratet hat, ein Kind erwartet und Geld braucht, ohne das ihr Mann eine Stelle in Alaska nicht bekommen kann. Humbert macht sich auf seine vorletzte Reise. Aus dem Kind ist eine Frau geworden mit einer funktionalen, amerikanischen Brille, in den letzten Monaten der Schwangerschaft, ein braver, unrasierter Mann, teils

Invalide (nach einer Kriegsverletzung schwerhörig) – »Papa« gibt ihr alles Geld, das er hat, und macht ihr den Vorschlag, diesen »zufälligen Dick« zu verlassen und mit ihm zu gehen, so, wie sie ist, auf der Stelle, für immer. Lo lehnt ab. Er holt aus ihr den Namen des »Verführers« heraus, fährt zu ihm, und in einem einsamen, verlassenen Haus spielt sich die letzte Szene der Tragifarce ab: Mord. Er schießt auf diesen Menschen, nachdem er ihn zuvor gezwungen hat, ein Gedicht vorzulesen, das er (Humbert) über dessen Niedertracht und sein eigenes Unglück verfaßt hat. Dann die Tötung, aufgeteilt in eine Reihe von halbwegs verständlichen Szenen, vollzogen im Grenzgebiet absoluter Sinnlosigkeit (das Opfer ist ziemlich betrunken, man redet irrtümlich aneinander vorbei, nichts von einer zumindest theoretisch möglichen »Vendetta«, ein Durcheinander von Angriffen und Verteidigung, aber weder das Mordopfer noch der Mörder geben sich eine Blöße) – diese ganze Sequenz enthüllt ihre Sinnlosigkeit, zeigt, daß sie keine wirkliche »Abrechnung« ist, sondern lediglich die Koda, den Abschluß einer Geschichte bildet, die ebenso grauenhaft, von der gleichen höllischen Absurdität ist wie die »Romanze«, und endet damit, daß Humbert verhaftet wird und im Gefängnis landet.

So sieht es aus. Beschuldigungen der Pornographie, die Nabokov im Nachwort verächtlich von sich weist und nicht ernst nimmt, sind – auf jeden Fall im Vergleich zu der Unzahl der in den USA massenhaft produzierten »Thriller« der »Schwarzen Serie«, die den sexuellen Appetit eines gewissen Lesertyps wecken – eigentlich schon kein Ausdruck von Prüderie mehr, sondern der entsetzlichen Schamlosigkeit derer, die sie äußern. Mit anderen Worten: Nimmt man das Buch auseinander, zerlegt man es in seine Teile, dann enthält es keine Einzelheit, die nicht schon irgendwo irgendwann von Machwerken ohne jeden künstlerischen Ehrgeiz überboten worden wäre. Daß jedoch die Auslassungen, Andeutungen und Anspielungen, aus denen das Ganze sich zusammensetzt, sich in Stöße verwandeln, die es dem Leser unmöglich machen, eine bequeme ästhetische Haltung einzunehmen, daß der Rang der künstlerischen Verarbeitung und die Methode, sich vom ersten bis zum letzten Wort durch die

Darstellung selbst auf den Arm zu nehmen und dadurch noch das Makaberste ins Lächerliche zu ziehen, eine eindeutige moralische Beurteilung des Werkes (ich wiederhole: des Werkes, nicht des Helden) erschwert, wenn nicht gänzlich unmöglich macht, unterliegt für mich keinem Zweifel.

Kritiker haben, um Nabokov von Vorwürfen erstens der Pornographie, zweitens des Herumwühlens in der sexuellen Psychopathologie und drittens des Antiamerikanismus zu »reinigen«, gesagt, daß der Roman von der Liebe und nicht vom Sex handele, daß jedes Thema und somit auch das, was psychisch in einem Perversen vorgeht, ein ästhetisches Erlebnis bieten könne und daß *Lolita* schließlich nicht »antiamerikanischer« sei als die Bücher vieler geborener Amerikaner. Ich weiß nicht, ob es sich lohnt, sich mit solchen Anschuldigungen und solchen Verteidigungsargumenten zu befassen.

II

Ein Roman nicht über den Sex, sondern über die Liebe? Ein Spottroman auf die westliche Zivilisation? Aber warum ist der Held pervers? Diese Frage ließ mich nicht in Ruhe. Nabokov würde sie für sinnlos halten, wie ich aus seiner Ansicht über die Literatur entnehmen kann, denn er möchte weder Moralist noch Realist sein, er hält sich für einen »Erzähler einer Geschichte, die sich irgendwann irgendwo abspielt«, doch brauchen wir schließlich nicht auf den Autor zu hören, nachdem er das Wort »Ende« niedergeschrieben hat. Er hat gesagt, was er sagen wollte, hier enden seine und beginnen unsere Schwierigkeiten als Leser.

Zunächst schien mir, daß die Wahl des Helden schon in soziologischer Hinsicht ganz bestimmte Möglichkeiten eröffnet. Denn abgesehen von allem, was man sagen kann und unbedingt sagen muß, ist *Lolita* ein Buch mit einem breiten gesellschaftlichen Hintergrund, das jene Seiten des westlichen Lebens behandelt, derer der Westen sich rühmt. Es sind das ein hoher Lebensstandard, die »Verwissenschaftlichung« der Erziehung, jene pädagogische Auflage eines »angewandten Freudianismus«, der auf die optimale Anpassung des

Individuums zielt; ferner die Herrlichkeiten der Tourismusindustrie, das Vordringen der Dienstleistungen in die unberührtesten Winkel der Natur und jenes besondere, effiziente Handeln, das sich in den gesellschaftlichen Kontakten äußert, begleitet von einem mechanischen Lächeln, das ihnen den Anstrich eines »individuellen Herangehens« an den Besucher, den Gast, den Kunden geben soll, und eine solche Durchdringung des ganzen Lebens von der Reklame, daß die Erscheinungen, die im kommerziellen Interesse auf den Menschen von außen eindringen, längst schon zum Bestandteil seines Seelenlebens geworden sind, in das sie sich durch eine Unzahl von sauberen, »wissenschaftlich« erarbeiteten Methoden eingeschlichen haben. Diese ungeheure Maschine aus zufriedenen Ameisen zu kritisieren, sie zu beschimpfen, sie durch eine unmittelbare Beschreibung zu verhöhnen hieße, Publizistik zu betreiben, also künstlerisch zu versagen und banale Selbstverständlichkeiten vorzutragen. Wenn man das jedoch gewissermaßen en passant erledigte, und dazu noch aus einer von vornherein aussichtslosen Position heraus, durch die Äußerungen eines Menschen, von dem jedes einzelne Wort, jeder bissige Seitenhieb zunichte gemacht werden konnte, durch den Hinweis auf seine Anomalität, aber gleichzeitig so, daß dieser Perversling gegenüber der respektabel-normalen Allgemeinheit verdammt recht hatte – dann konnte man sich schon eine gewisse Chance ausrechnen. Diese Außenwelt, dieser Hintergrund, diese Durchschnittlichkeit und Normalität, die für Humbert und sein obszönes Geheimnis eine ständige Bedrohung darstellen, dringen in alle Ritzen des Romans ein, berühren sich permanent, ahnungslos mit der Ungeheuerlichkeit seiner »privaten« Fakten und verstärken noch durch ihre allgegenwärtige Gleichgültigkeit die Intimität seiner Beichte. Gerade durch diese Nachbarschaft entsteht ein gewaltiger Temperaturunterschied, eine Spannung, sie stellt gewissermaßen den unerläßlichen Kontrast her. Damit kommen wir zu einer weiteren Frage, der nach der speziellen motivierten Wahl des Autors: Wer ist dieser Anomale, dieser Psychopath, und worin besteht seine Monomanie?

Um darauf zunächst nur unter dem strukturellen Aspekt

einzugehen, der das Konstruktionsgefüge der dem Werk immanenten, es charakterisierenden Spannungen betrifft, muß man sagen, daß die Monomanie als eine gewisse Art von Verengung unendlich viel dazu beitragen kann, daß eine dichte Atmosphäre entsteht, eine Konzentration der künstlerischen Mittel, aus der schon des öfteren ein dramatisches Novum hervorgegangen ist. Dafür könnte man zahlreiche Beispiele anführen: Monomanen waren etwa Don Quichotte und Raskolnikow, Shylock und Don Juan.

Und nun zur Frage des »psychologischen Antriebs« der Anomalität, ihrer konzentrierenden Kraft. Woraus kann dieses spezielle Feuer entstehen, das das gesamte Gewebe des Werkes erwärmt, das seine Aussage tragfähig macht, das es gestattet, reibungslos die Hindernisse jedes gesellschaftlichen »Tabus« zu nehmen, das schließlich all diese dunklen Winkel der Seele öffnet, die durch die metrische Wiederholung der Lebensfunktionen, die Routine des Alltags unsichtbar werden? Gibt es hier etwas Wirkungsvolleres und zugleich Universaleres als die Liebe? Mit dieser Frage geraten wir jedoch auf gefährliches Gebiet. Lassen wir einstweilen noch die Frage beiseite, an welche »Adresse« sich die in dem Helden kumulativ gehäufte Leidenschaft richtet, und fragen wir nach dieser selbst. Liebe, Erotik, Sexualität. Geht es vielleicht darum, die geltenden Konventionen und Verbote zu durchbrechen, geht es um die herausfordernde Kühnheit? Als ein Klassiker oder vielmehr als ein Beispiel von »Mut« mag in dieser Hinsicht *Lady Chatterley* von Lawrence dienen. Bei mir hat dieses Buch freilich nur einen üblen Nachgeschmack hervorgerufen. Diese Bemühungen, Kopulationsakte zu schonen, dieses Rustikal-Phallische, verkörpert in der Person des strammen Gärtners (»Zurück zur Natur!«), roch mir weniger nach dem »Kinsey-Report über das Sexualverhalten des Mannes« als vielmehr nach einem künstlerischen Mißgriff, denn ein Künstler, der »mit großem Mut« die Liebe darstellen möchte, kann leicht an den Klippen einer zuckersüßen Sentimentalität scheitern. Lawrence vertraute einer Methode, die schlicht bis hin zur Einfalt ist: er ging in die entgegengesetzte Richtung.

Die Liebe ist eine verlogene Prüderie, man muß sie ohne

Einschränkungen darstellen, sagte sich der Autor und ging ans Werk. Dort, wo bislang leise, gedämpfte Töne oder gar die Zensur des Schweigens herrschten, führte er die Physiologie ein. Lange wogte der Streit darüber, ob der Roman pornographisch sei oder nicht; die Entscheidung interessiert mich wenig, denn ob es nun Pornographie ist oder nicht, was herauskam, ist künstlerischer Schund. Zunächst hielt er sich, so lange er konnte, an die anatomische Buchstäblichkeit, dann baute er auf ihr erhebende Kommentare, Hymnen an die »schöne Nacktheit« auf, selbst die Genitalien nahm er in seiner Kühnheit wahr, doch konnte ihn nichts – keine »Sublimierung als Gegengewicht zum Drastischen« – vor der künstlerischen Katastrophe retten; unter solchen Voraussetzungen kann allein der Spott den Schriftsteller schützen. Warum? Der Schriftsteller ist – gerade wegen der tiefsten Wesenszüge der Erotik – vor allem Beobachter. Dieses Wort hilft uns, eine der hauptsächlichen Schwierigkeiten in der Darstellung des Sexuellen zu begreifen. So sehr der Schriftsteller sich auch bemühen mag, die Spuren seiner Anwesenheit im Werk zu verwischen, so belegt es, die dargestellte Liebesszene, doch, daß er in einem gewissen, psychologischen Sinne dabei war. Diesen fatalen Fehler, die Haltung eines »Spanners« einzunehmen, hat gerade Lawrence nicht vermieden. Der einzige Ausweg besteht darin, die Haltung des Memoirenschreibers einzunehmen, sich ganz als Erzähler einzubringen und in der ersten Person zu erzählen; leider beseitigt das die Dissonanz nur zur Hälfte, denn der zweite »Spanner«, nämlich der Leser selbst, kann nicht ausgeschaltet werden. Nun ist es – wenn ich mich so plump ausdrücken darf – etwas ganz anderes, als einer der Partner persönlich an einem Geschlechtsakt teilzunehmen, als eine solche Szene von außen zu betrachten. Soll er von einer auch nur rudimentären Beimischung von Anomalität frei sein, so muß der Geschlechtsakt in hermetischer Abgeschlossenheit stattfinden. Das ist natürlich unmöglich. Die Schriftsteller haben, sich in mehr oder weniger großem Umfang der Notwendigkeit bewußt werdend, den Leser als Eindringling in den Bereich engster Intimität, der zwei Menschen zugänglich ist, einzuführen, zu verschiedenen Mitteln gegriffen. Zumeist mit bedauerlichen Resultaten. Weil sich der äußere, physische Anblick der Kopulation nicht zu etwas Schönem, etwas ästhetisch Erhebendem machen läßt, verwendet man stilistische Mittel, die unverzüglich die »klebrigen« Stellen enthüllen.

Gewöhnlich (und es gibt hier eine ganze Tradition!) verwendet der Schriftsteller in einem bestimmten Augenblick einen »Übergang«, indem er sich vor den physiologischen Tatsachen in allgemeine Mitteilungssätze flüchtet, welche die gerade von den Helden empfundene Lust anschaulich machen sollen (was nicht möglich ist, denn es führt keine Brücke von dem Benennen zum Erleben der Gefühle). Ansonsten führt man eine pseudopoetische Metaphorik von zweifelhafter Qualität ein, die gern aus gewissen Naturerscheinungen geschöpft wird, wie etwa dem Ozean, so daß sogleich Bilder von Wellen, Rhythmen, Versinken, Sichverlieren und ähnlichem da sind. Derartige Kniffe als armselig zu rügen, halte ich für eine banale Selbstverständlichkeit. Die eigentliche Ursache des Scheiterns ist das dritte Augenpaar, jene Augen, die man nicht schließen kann, die Augen des Lesers, und weder der Rückzug auf eine armselige Lyrik (als Äquivalent des Orgasmus) noch das Zitieren von sexualkundlichen Lehrbüchern haben irgend etwas mit einer künstlerischen Transfiguration gemein. Was hier geschieht, ist in der Tat die Quadratur des Kreises, und außerdem verfällt man aus der einen, prüden Verlogenheit in die andere, welche die physiologischen Tatsachen zu verschönern versucht. Dabei weiß jeder Arzt, daß der Mensch, der sexuelle Lust erlebt, weder ein Apollo von Belvedere noch eine Venus von Milo ist, und ein Schriftsteller, der auf »naturgetreue« Darstellung, auf einen konsequenten Behaviorismus aus ist, verurteilt sich selber dazu, ein Mosaik aus Elementen zusammenzusetzen, welche die wissenschaftlichen Bezeichnungen der Tumeszenz, der Friktion, der Klimax tragen und deren Begleitung im Bereich sämtlicher Sinne und Effekte einschließlich der vokalen schwerlich mit einer Symphonie vergleichbar sind. Was bleibt noch übrig? Entweder ein Kompromiß zwischen Ästhetik und Physiologie (doch in der Kunst zahlen sich, wie man weiß, Kompromisse ausnahmsweise nicht aus!) mit der Möglichkeit des Pornographievorwurfs (in künstlerischer, nicht in moralischer Hinsicht einer der »billigen Tricks«, zu denen etwa auch gehört, »das Leben der höheren Kreise zu zeigen« oder »ein armes Mägdelein eine unerhörte Karriere machen zu lassen«) oder – ein relativ spät entdecktes Verfahren – die bewußte Betonung der animalischen, trivialen Seite des Verkehrs, wodurch man dem Leser die ganze Geschichte zumindest so weit verleidet, daß man ihm nicht auf perverse Art Vergnügen bereitet. Wenn die Partnerin eher einer Hexe als einem Filmstar ähnelt und der Partner ein dreckiger Rüpel ist, der sicherheitshalber auch noch aus dem Mund stinkt, sinken die Chancen, den Leser zu verderben, auf Null, und den Kampfplatz behauptet die These: »die wahre Häßlichkeit des Lebens zu zeigen.«

Eine derartige Antipornographie ist gerade wegen ihres pseudophilosophischen Gehabes künstlerischer Schund. Bevor ich diesen gewaltigen Abschnitt über den »Kopulationismus« beende, in dessen Falle so mancher Künstler durch die Lehre des Behaviorismus gelockt wurde, muß ich noch auf zwei Probleme eingehen. Ich habe oben mit einem Wort die konkrete Chance angedeutet, die darin liegt, die Sache ins Spöttische zu lenken. Untrennbar mit der Beschreibung des Akts verschmolzen oder gar diese Beschreibung ersetzend, kann der Spott künstlerisch wertvoll sein. Von unseren Prosaschriftstellern bediente sich Witkacy (Wietkiewicz) sehr gern dieses Verfahrens, freilich in einer grotesken Deformation. Es bietet eine wirkliche, nicht verlogene Rettung, weil schon im Kontext der sexuellen Erlebnisse mit ihrer notwendigen Äußerlichkeit unter anderem eine Ladung von Komik steckt, die häufig dort entsteht, wo außergewöhnliche Erhabenheit (und das ist schließlich ein Attribut der Liebe) in ihrem Gegenteil kulminiert. Wenn ich schon so ins Plaudern gekommen bin, muß ich diesen Gedanken auch weiterführen. Vom Standpunkt des Konstrukteurs aus, der das Werk als Ganzes betrachtet, ist jedes Element, so auch unser sexueller Kontakt, künstlerisch unverzichtbar, wenn es eine bestimmte Funktion für das Ganze erfüllt. Wenn der geneigte Leser so freundlich war, zu bemerken, daß ich mich bislang nach Kräften bemüht habe, drastische Ausdrücke zu vermeiden, so wird er mir vielleicht gestatten, das Vorstehende anhand eines Beispiels zu erläutern, das, wenn ich mich so ausdrücken darf, aus der anatomischen Nachbarschaft geschöpft ist.

Losgelöst von der in einem Werk entfalteten psychosoziologischen Situation des Menschen, ist eine physiologische Funktion natürlich nichts Lächerliches, außer vielleicht für einen primitiven Menschen, aber schon die Einführung etwa des Akts der Defäkation kann lächerlich sein, und zwar wiederum nicht so sehr wegen seiner Trivialität (auch wenn man im übrigen weiß, daß der Volkshumor sehr gern belebend aus skatologischen Quellen schöpft) als vielmehr durch den Kontrast, der die bislang beibehaltene Tonart bereichern oder verzerren bzw. in eine von der bisherigen Richtung abweichende, lenken kann. Wenn z. B. eine frisch gekrönte Königin mit allen Insignien der Macht zur Toilette rennt, weil es den Gemütsregungen, die den Krönungsakt begleiten, gefällt, einen solchen Ausweg zu suchen, dann wird eine solche Wendung mit allen sie begleitenden Problemen – muß man z. B. die Krone abnehmen, oder ist das nicht nötig, denn was könnte schon in der Abgeschiedenheit einen leblosen Gegenstand kränken – von einem Roman des 19. Jahrhunderts sicherlich nicht dargestellt werden (bei Rabelais dagegen überaus gern). Ein Kritiker könnte mit Recht darauf erwidern, daß die Defäkationsschwierigkeiten von Monarchen nicht über den Rang oder über die Originalität eines Werkes entscheiden können, daß das, mit einem Wort, Idiotie sei. Grundsätzlich schon, aber ich möchte einen Einwand anmelden. Es kommt durchaus nicht selten vor, daß ein Werk eine Gruppe oder auch nur ein paar Menschen, obendrein verschiedenen Geschlechts, in einer irgendwie abgeschlossenen Situation schildert (ein Floß mit Schiffbrüchigen auf hoher See, ein plombierter Waggon mit Gefangenen oder Heimkehrern oder etwas in dieser Art); ein gewissenhaft realistischer Autor stellt uns nun gewöhnlich mit allen Einzelheiten dar, wie sich diese Menschen verhalten, wie sie sich stärken, wie sie miteinander reden, wie sie einander allmählich näherkommen, während die Problematik von »Pipi und Kacke« vollkommen vergessen wird, gleichsam ungewollt, und dabei ist das ganz verkehrt, weil die von den physiologischen Notwendigkeiten »niederer Art« bedrängten, ja ich würde sogar sagen: terrorisierten Beziehungen (und nicht unbedingt nur die geselligen) sehr rasch auf eine eigentümliche Intimität zuzusteuern beginnen. Man möge mich bitte nicht für den Vertreter einer »Schule der logischen Deduktion«, d. h. für einen Verrückten halten, der von dem Verfasser des schönen Romans *Fünf Wochen mit dem Ballon über Afrika* zu erfahren wünschte, wie der verehrte Professor und seine bezaubernden Begleiter das Problem lösten, gegenüber den unabweisbaren Forderungen ihrer kreatürlichen Existenz britische Distanz zu wahren. Nein, nein; ich verstehe, daß man in solchen Fällen die Konvention einführt, »einen Türken zu machen«, und schließlich fliegt dieser Ballon ja vor den Augen jugendlicher Leser. Wenn aber ein Roman durch und durch realistisch sein soll, dann hilft nichts mehr: Realismus bedeutet nicht nur Rechte, sondern auch Pflichten. Ich denke mir, daß ein Autor, der Wert darauf legt, derartige Dinge zu verschweigen, zumindest irgendein Gebüsch erwähnen muß, und wenn er das nicht tut, dann muß er aus den geschilderten situativen Voraussetzungen jene physiologischen Konsequenzen ziehen, die – und das ist für den weiteren Gang der Handlung nicht gleichgültig – Prämissen von psychologischen Wirkungen sein können. Ich bitte noch einmal um Verzeihung, aber der Realismus ist, wenn sich jemand schon auf ihn versteift, in der Tat verbindlich, und er kann einen Verfasser dazu zwingen, einem engelhaften Wesen einen Durchfall zuzuschreiben, was er vielleicht lieber vermieden hätte. Und gerade hier ist es angebracht, aus der Not, wie die Deutschen sagen, eine Tugend zu machen, weil sich Möglichkeiten für überraschende Kurzschlüsse ergeben. Das alles sind nur Randbemerkungen zum Hauptproblem, weil wir unwillkürlich auf das Gebiet der Physiologie geraten sind, die gewissermaßen die Vorstufe zum Hauptthema, der Pathologie, ist. Bislang ist das Resultat unserer Überlegungen völlig negativ, denn wir haben uns überzeugt, daß ein Frontalangriff in Dingen der Sexualität zur künstlerischen Katastrophe führt. Der Akt der Liebeserfüllung hat zwar auf der Skala der künstlerischen Werte denselben funktionalen Wert wie die Darstellung einer Agonie, eines Baumes oder sonst einer Erscheinung oder Sache, doch wegen seiner besonderen Stellung innerhalb der Hierarchie der menschlichen Erlebnisse besitzt er, wenn er in einem Kunstwerk dargestellt wird, eine Fähigkeit zu erregen, die ästhetisch abträglich ist, weil sie für den Leser eine potentielle Quelle von Empfindungen darstellt, an denen dem Autor am wenigsten gelegen ist. Denn durch die Erregung, die er hervorruft, löst sich der Akt aus der Komposition heraus, wird er auf eine ganz und gar unerwünschte Art zu etwas Autonomem, und wenn die psychische Aura, die atmosphärische Dichte des Werkes ihn nicht wirksam ihren Zielen unterwerfen kann, wird er zu einer Sünde nicht so sehr gegen die Moral (was uns in diesem Zusammenhang weniger bekümmert) als vielmehr gegen die Kunst der Komposition, wird er zu einer Schwachstelle unter den Mitteln, die für den Zusammenhalt des Werkes sorgen. Etwas anderes ist es, wenn die hervorgerufene Dissonanz in der Absicht des Künstlers lag, wie ich es an dem nicht allzu geglückten Beispiel jener Monarchin zu zeigen versuchte, das ich zum Beweis für die möglichen ästhetischen Funktionen eines ansonsten äußerst unappetitlichen Phänomens einführte. Man könnte vorsichtshalber hinzufügen, daß auch die Skatologie gewisse Naturen erregt, doch handelt es sich dann um Anomalitäten des Empfängers und nicht des Senders, und was wir hier besprechen wollen, ist ja Literatur über Perverse und nicht eine, die für sie geschrieben ist.

Kehren wir jedoch – denn es ist höchste Zeit – zu unseren Perversen zurück. Natürlich könnte man einen Traktat über die thematische Eignung von Anomalien, von paranoiden oder epileptischen Abweichungen (Smerdjakow, Fürst Mischkin) verfassen und ihn durch Beispiele von hervorragenden Werken belegen. Dabei würde ein dickes und nützliches Buch herauskommen. Aber von einem Automatismus, der eine solche Wahl des Helden zur Voraussetzung für die Entstehung eines Werkes par excellence macht, kann keine Rede sein. Als Beispiel mag Sartres *Mauer* dienen. In die Psychopathologie dringen einige Erzählungen dieses Bandes tiefer ein als Nabokovs *Lolita*. Doch in der Erinnerung ist mir nach der Lektüre nur ein Gefühl des Abscheus geblieben. Das wäre natürlich nicht entstanden, wenn ich das Buch als eine Sammlung von Krankengeschichten gelesen hätte, aber schließlich sollte es sich um Literatur handeln. Es ist keine gute Literatur. Die gequälten Gestalten Sartres rufen keine Resonanz, kein Mitgefühl hervor. Sartre hat eine eiskalte Studie verfaßt, die dermaßen ans Klinische erinnert, daß ich mir einmal erlaubt habe, scherzhaft eine Pseudorezension zu verfassen, in der ich *Die Mauer* als eine Zusammenstellung von psychiatrischen Fällen behandelte. Man könnte diese, auf irgendein medizinisches Werk zurückgreifend, beliebig vermehren, und auch dann würde daraus nichts folgen. Die Verrücktheit kann ein künstlerisch »tragfähiges« Thema sein, doch bedarf es dazu jener Verwandlung, jener jeweils neu entdeckten Methode, jener Umgestaltung, aus der ein Kunstwerk hervorgeht. Selbstverständlich tue ich nur so, als wüßte ich nicht, um was es Sartre ging; ihm ging es um seine Philosophie, denn *Die Mauer* enthält Illustrationen der »Ekel«-Ontologie des Existentialismus, doch eine Philosophie, selbst eine ehrenwerte, mit Hilfe der Belletristik zu illustrieren, halte ich für einen Mißgriff, für einen Mißbrauch der Literatur, die nach meinen Vorstellungen autonom, auf eigene Rechnung leben soll, und darin stimme ich mit Nabokovs Nachwort zu *Lolita* überein.

III

Die Perversität von Nabokovs Held besteht darin, daß er erotisch von halbwüchsigen Mädchen besessen ist. Warum? Ich würde behaupten, daß ich auch diese Frage sinnvoll, d. h. in Kategorien der Kunst und nicht der Psychiatrie beantworten kann. Ein Exhibitionist, Transvestit, Fetischist oder Gott weiß wer sonst noch wäre eine abscheuliche Figur, was die Literatur aushalten würde, doch wäre er außerdem eine überflüssige, unnötige Figur, und mit einem solchen Helden versucht man besser nicht, einen Roman zu schreiben. Wir haben es (beinahe eine medizinische Bemerkung) bei diesem unglücklichen Humbert mit einem Fall »reiner« Pädophilie zu tun, weil die Halbwüchsige schon nicht mehr ganz Kind ist, es steckt in ihr schon ein Stück von einer Frau, und dies ist ein erster Übergang, eine Brücke zur Normalität, die es ermöglicht, Humberts psychische Zustände den Lesern vorzustellen, doch ist eine solche Halbwüchsige andererseits so sehr Kind, daß in uns sofort ein verdammender Widerspruch, Verachtung wach wird – kurz, wir sind bereits in die Sache verwickelt, was (wie sich herausstellt) künstlerische Absicht war.

Warum ist Nabokovs perverser Held ein Individuum aus dem Grenzbereich dessen, was noch intuitiv faßbar, und dessen, was unseren introspektiven Möglichkeiten verwehrt ist?

Der »normale«, d. h. »ganz und gar« Perverse stößt in der Außenwelt auf Hindernisse für die Befriedigung seiner deformierten Leidenschaften in Gestalt all der Möglichkeiten des Skandals, des Gefängnisses, der gesellschaftlichen Verurteilung, die er, wenn er seine Ziele realisiert, gewärtigen muß. Es gibt verschiedene Spielarten eines solchen Perversen. Zunächst, und das ist der häufigste Fall, handelt es sich um ein Individuum von sehr niedrigem geistigem Niveau, das nicht selten geradezu schwachsinnig ist, allerdings in verschiedenen Abstufungen, angefangen von dem harmlosen Imbezilen, der irgendwann irgendwo, angetrieben von einem animalischen Trieb, der in seinem dämmrigen Bewußtsein entsteht, plötzlich eine Alte vergewaltigt, bis hin zu dem aggressiven, der dann zum Fall für die Kriminologen wird, beispielsweise ein erotomaner Sadist, ein Jack the Ripper, bei dem das Verlangen nach einem Mord als der einzigen Möglichkeit der Libidobefriedigung sich auf spezifische Weise mit einer eigentümlichen Verschlagenheit des Vorgehens verbindet (die Gestalt eines solchen hinterlistigen, idiotischen Mörders wurde in dem deutschen Film *Nachts, wenn der Teufel kam* hervorragend von einem Schauspieler verkörpert, dessen Namen ich leider vergessen habe). Ein Mensch von durchschnittlicher Intelligenz, aber mit einem deformierten Geschlechtstrieb, bildet in sich dank der von Kindheit an auf ihn wirkenden Einflüsse der Familie, der Schule, der Umwelt – oft, ohne daß es ihm ganz bewußt wird – ein System von Hemmungen und Verboten aus, so daß er entweder nicht ganz genau weiß, auf was der Pfeil seiner Begierden zielt, oder, wenn es ihm irgendwann einmal klar geworden ist, mit gewaltigen inneren Anstrengungen diese dunklen Kräfte in sich verbirgt und verbarrikadiert; es kann dann zu einer Sublimierung des Triebes kommen, und aus einem potentiellen Pädophilen wird beispielsweise ein wirklich hervorragender und moralisch sauberer Erzieher. In anderen Fällen mögen sich aus solchen Menschen Psychopathen und Hysteriker oder Neurotiker rekrutieren, deren verschiedene somatische und psychische Gebrechen gewissermaßen der äußere Ausdruck der in der Tiefe ihrer Seele versenkten unseligen und unverschuldeten Lasten sind, wobei die Existenz solcher seelischer Defekte sich für die Umwelt in einer moralisch neutralen Weise äußert.

Und schließlich gibt es Individuen mit überdurchschnittlichen geistigen Fähigkeiten, die fähig sind, alle in der Gesellschaft vorhandenen Normen und Verbote selbständig zu analysieren, Psychopathen von hervorragender Intelligenz, die nicht selten über Talente verfügen und sich im Bewußtsein ihrer Außergewöhnlichkeit das Recht zuschreiben, die geltenden Normen zu brechen. Aus einer solchen Anmaßung ging die Tat Raskolnikows hervor. Diese Art von Anomalität ist selten, zumindest in der Form, mit einer solchen Verknüpfung von Charakter-, Trieb- und intellektuellen Merkmalen, daß die Welt der überkommenen Werte einem Menschen dieses Formats nicht *durchgängig* als feindselig erscheint. Ein Monomane, der von der Rechtmäßigkeit seines Verhaltens (sei es im erotischen Bereich, sei es, daß er, wie Raskolnikow, über das Leben anderer Menschen verfügt) absolut überzeugt ist, wäre – gleichgültig, ob er, wie Dostojewskijs Held, seinen Taten eine Motivation »höherer Art« überstülpt oder, wie Humbert, aus Antrieben handelt, die solcher »Rechtfertigungen« des Egoismus entbehren – ein klarer Fall von *moral insanity*. Wir hätten es dann nicht mit einem humanistischen, künstlerischen, schriftstellerischen Problem zu tun, sondern lediglich mit einem klinischen, genau wie im Falle des entarteten Idioten, nur auf einer höheren Stufe intellektueller Fähigkeiten. Es ist aber gerade so, daß die Grenze zwischen dem Erlaubten und dem Unerlaubten, zwischen Verbrechen und Tugend, zwischen Sünde und Keuschheit, zwischen Hölle und Himmel durch einen solchen Menschen verläuft und er nicht selten sich selber in sehr viel intensiverem Maße zur urteilenden Autorität, zum Gegner wird als die Gesellschaft, die auf das Unrecht lauert (um es zu verurteilen). Das uralte Problem der zur Sünde neigenden menschlichen Natur und die Frage, ob die Linie der Verbote eine Sache der Konvention (und für eine herausragende Persönlichkeit überschreitbar) oder im übergeschichtlichen Sinne unveränderlich ist, Probleme, mit denen im Ansatz wohl schon der Neandertaler Schwierigkeiten bekam, treten bei diesem Abweichler in besonderer Konzentration, potenziert auf – und damit gelangen wir zu der Einsicht, daß der »Perverse« nichts anderes als ein Vergrößerungsglas ist, daß es nicht um eine Studie über die Perversion geht, sondern nur um die künstlerische Wahl solcher Mittel, die im Endresultat ein neuartiges (und das ist in der Literatur am schwierigsten!) Erleben der Sexualität und der Liebe ermöglichen.

Weshalb neuartig, wenn das Problem so alt ist wie die Welt? Der Fall Humbert – Lolita führt die erotische Problematik in einer Weise ein, daß der Schriftsteller, ohne etwas Wesentliches zu verschweigen, zeigt, daß es vollkommen überflüssig ist, sexuelle Techniken in vulgärer Weise zu beschreiben, wenn man in den dunklen, vom Widerschein brennender Unersättlichkeit umgebenen Kern einer Liebe vordringt, die über den von der Natur in den Menschen eingebauten Mechanismus der Arterhaltung hinauswächst. Wir können uns auf diese Liebe einlassen, eine Liebe, die aus den sorgsam aufgehäuften zivilisatorischen Bändigungsversuchen ausbricht, die sich von den geheiligten Normen so weit entfernt, daß unser reflexartiger Versuch einer Klassifikation, einer eindeutigen Bestimmung erstirbt. Im drangvollen Zentrum eines modernen Landes stoßen wie in einem hermetisch von außen verschlossenen Vakuum die erhabene und abscheuliche Zärtlichkeit zweier »Liebender«, eine zugleich tragische und hilflose Grausamkeit und die Absurditäten des Verbrechens aufeinander, und diese Mischung, diese Synthese läßt die Intensität des Erlebens stärker werden als das Bedürfnis, festzustellen, wer der Schinder und wer das

Opfer war. Aus der kühlen Distanz, aus der Sicht eines Gerichts, und wenn wir danach gehen, was wir in Gut und Böse einteilen, ist für eine solche Unentschiedenheit natürlich kein Platz, doch wenn wir die letzten Worte des Buches lesen, vermögen wir kein Urteil zu fällen, nicht etwa, weil das unmöglich wäre, sondern weil wir es als überflüssig empfinden, und dieses Gefühl, mit dem wir das Buch beiseite legen, ist nach meinem Verständnis der einzige wirkliche überzeugende Beweis für den Erfolg des Schriftstellers.

Gewiß könnte man, wenn man eine Analyse machte, viele kluge Dinge über *Lolita* sagen. Lo's durch vorgetäuschte Selbstischerheit maskierte Unreife ist im Grunde ein Bild für den Infantilismus der amerikanischen Kultur, doch dieses Problem, das weit in die Soziologie des amerikanischen Lebens hineinreicht, übergehe ich. Das wahrlich nicht beneidenswerte Schicksal des Mädchens – ungeachtet dessen, daß Nabokov ihr im Grunde keine »positiven« Eigenschaften verliehen hat, daß dieses kleine Seelchen bis obenhin mit Comic-Peppermint-Reklameschund vollgestopft ist, daß er ihr schon am Anfang die Chance einer »zerstörten Unschuld« genommen hat, daß er die Halbwüchsige mit einer trivialen sexuellen Erfahrung ausgestattet hat, daß er so viel gesagt hat, daß wir an der völligen Gewöhnlichkeit, ja Austauschbarkeit ihrer Person nicht zweifeln können, einer Person, die in ihrem Leben nichts Großartiges zu erwarten hatte, selbst wenn der fatale Humbert nicht darin aufgetaucht wäre – dieses Schicksal ist tragisch, und es ist ein Erfolg für sich, wenn Nabokov der geschilderten Öde eine solche Note abgewinnt, denn er macht damit den immanenten Wert einer noch so stereotypen, jeglicher Attraktivität und inneren Schönheit entbehrenden Menschlichkeit deutlich. Eines der psychophysisch durchaus erlaubten Mittel, mit dem der Autor das erreicht hat, ist freilich, Lolita zu einer »Frigiden« zu machen, doch kann man ihm das schwerlich übelnehmen.

Humbert offenbart namentlich in den späteren Partien des Buches, seit wie lange er schon die unerträgliche Situation (ich meine ihre psychologische Seite) kennt, die er für die Kleine geschaffen hat, und wie konsequent er diese Einsicht ignorierte, weil das für ihn bequem war. Er war überhaupt, wie es sich für einen modernen Helden geziemt, ein großes Schwein, wußte das und ließ es durchaus nicht auch an stärkeren Selbstbeschimpfungen fehlen – schon wenige Szenen genügen, um ihn geradezu widerlich erscheinen zu lassen, so etwa, wenn er plant, Lolita in der ersten gemeinsamen Nacht mit irgendwelchen Pillen einzuschläfern, damit er seine Begierde befriedigen kann, ohne das unschuldige Seelchen zu besudeln (ich gebe Humberts Gedanken wieder). Diese schrecklich pharisäerhafte Sorge um das Seelchen kam übrigens nicht zum Tragen, weil das Mittel nicht wirken wollte und sich obendrein herausstellte, daß das Seelchen nicht unschuldig ist. Sogar noch abscheulichere Histörchen kommen vor. Ich erwähne das deshalb, weil ich mich oben solch großer Worte wie Tragik bedient habe, während die Realitäten besonders im ersten Teil gerade von der Art sind, die ich beispielshalber angeführt habe. Würde man die Lektüre des Romans nach rund hundert Seiten abbrechen (und sie hat mich zu Beginn nicht wenig irritiert, denn insbesondere bestimmte Fragmente der Vorgeschichte von Humberts Perversion werden in einer Weise dargestellt, wie sie ähnlich Sartre in der *Mauer* verwandte), dann bliebe – ebenso wie nach der *Mauer* – lediglich ein übler Nachgeschmack zurück. Aber dann kommt die Liebe, und obwohl wir uns ihrer erst spät – fast so spät wie Humbert selbst – bewußt werden, kommen wir erstaunlicherweise in dem Maße, wie seine dauernd konsequent fortgesetzten Taten sich summieren, von der Überzeugung ab, daß dieser Mensch abscheulich ist, denn es ist eine so große Verzweiflung in ihm. Ich habe mich sogar gefragt, ob nicht die Verzweiflung das Hauptmotiv des Ganzen ist. Dieses Fortsetzen eines Zustandes, der nicht mehr fortgesetzt werden kann, dieses Übergehen von einer unerträglichen Situation in die nächste, psychologisch noch schmerzlichere, dieses Absinken von einer Erniedrigung in die andere beschwören die Aura gewisser Dostojewskischer Passagen herauf, die so bedrückend sind, daß man es beinahe nicht erträgt. Vielleicht wäre noch etwas zu Humberts »Theorie« von dem »dämonischen«, zur Sünde verleitenden Wesen einer bestimmten Spielart von halbwüchsigen Mädchen zu sagen, jener »Nymphchen«, die zu erkennen er – folgt man den in seiner Beichte wiederholt abgegebenen Beteuerungen – eine so untrügliche Fähigkeit besaß. Ich sehe in dieser Theorie ein Produkt seiner Deviation, einen Versuch der nachträglichen Rationalisierung und Objektivierung der eigenen Abweichung von der Norm und somit eine Projektion der eigenen Empfindungen in die Außenwelt. Offenbar fiel es ihm leichter, sich mit seiner eigenen Natur abzufinden, wenn er wenigstens einen Teil der Verantwortung für das, was er tat, von sich auf die »engelhaften Sukkuben« abschieben konnte. Ich möchte nicht den Eindruck erwecken, als ob es hier außer dem psychiatrischen überhaupt kein Problem gäbe, denn die Unreife und ihre Anziehungskraft kann – und zwar nicht allein im erotischen Bereich – eine überragende Rolle spielen, die so weit geht, daß sie die Phantasie des Künstlers vollständig absorbiert (Gombrowicz!). Doch das scheint mir im Hinblick auf das Hauptmotiv des Romans ein Randproblem zu sein.

Eine andere Frage ist die der Mittel, mit denen verhindert wird, daß lyrische Passagen in Gefühlsduselei abgleiten. Nicht, daß es diese in dem Werk nicht gäbe. Doch weder der auf jeder Seite vollzogene psychische Lynchmord noch die Selbstironie noch die bissige Schärfe können die Humbertsche Sentimentalität zunichte machen, und es sind ausschließlich die Adresse, an die die Gefühle sich richten, und die Umstände, unter denen sie sich manifestieren, was diesen Teil des Werkes vor dem Kitsch bewahrt. Denn das ist mir eine nette Sentimentalität, die gespickt ist mit lyrischen Seufzern, welche sich der Brust eines »Papas« entringen, der das »Töchterlein« zwingt, sich ihm morgens hinzugeben, weil er ihr sonst nicht das Frühstück ans Bettchen bringt! Zu beachten ist, daß diese, die ohnehin schon gehörig verteufelte erotische Geschichte zusätzlich komplizierende Mischung aus Zärtlichkeit und Rücksichtslosigkeit zwar das Motiv der Blutschande streift, tatsächlich aber diese letzte Grenze nicht überschreitet, obwohl es Nabokov schließlich möglich war, Humbert zum wirklichen Vater Lolitas zu machen. Ich glaube jedoch, daß dann die kumulative Wirkung all der vom Autor angewandten Mittel gering gewesen und eine Katastrophe eingetreten wäre (selbstverständlich eine künstlerische Katastrophe, denn wir operieren noch immer mit ästhetischen und nicht mit moralischen Kriterien).

Wahrhaft seltsame Dinge – zumindest unter dem Gesichtspunkt der »psychopathologischen Norm« – spielen sich gegen Ende des Romans ab. Denn daß Humbert, nachdem er die eigentlich schon erwachsene, ein Kind erwartende, verheiratete Lolita gefunden hat, diese weiterhin begehrt und ihm außer ihr alles andere gleichgültig ist, hebt in einem gewissen Sinne die Ausgangsprämisse auf, daß es sich um jemanden handelt, der pervers war, weil er nur mit kleinen Mädchen konnte. Bei der Wiederbegegnung nach zwei Jahren weckt die heruntergekommene, hochschwangere und bebrillte Lolita in Humbert nicht die von uns (gleichsam konsequenterweise) erwarteten, ex definitione »entarteten« Begierden. Was ist geschehen? Ist Humbert vielleicht »normal geworden«? Wurde aus einem Stawrogin ein Dante, der vor Beatrice steht? Handelt es sich vielleicht um einen Konstruktionsfehler? Im Gegenteil: es ist die Realisierung einer bewußten Absicht. Denn der Widerspruch ist offenkundig, und er ist durch zahlreiche, früher gesetzte Akzente vorbereitet! Als in den Anfängen des Buches Lolitas Mutter die Kleine in ein Sommerlager schickt, ist Humbert nicht so sehr über die aktuelle Trennung bestürzt als vielmehr darüber, daß der Ablauf der Zeit ihn überhaupt jeglicher Chancen beraubt, seine Wunschträume zu verwirklichen, und in der Introspektion wird ihm vollkommen bewußt, daß Lolita für ihn wegen der vorübergehenden und vergänglichen Lebensphase, in der er sie antraf, von unschätzbarem Wert ist, daß sie nach zwei, drei Jahren, wenn sie sich in eine Frau verwandelt, in eines der Wesen, für deren Reize er vollkommen unempfindlich ist, in seinen Augen dermaßen herunterkommt, als sollte sie sterben. Indessen vergehen nicht zwei, nicht drei, sondern vier Jahre, und alles ist ganz anders. Was ist also geschehen? Waren es vielleicht Erinnerungen, was Humbert begehrte, hat er sich einer aus der Vergangenheit heraufbeschworenen Vorstellung hingegeben?

Die Antwort wollen wir später geben. Zunächst wird es angezeigt sein, weitere Faktoren einzuführen, und deshalb befassen wir uns lieber mit dem Abschluß des Romans. Er besteht in dem Mord an dem erwähnten »Verführer«, einem Mord, der in der Anhäufung von Tatsachen wie eine makabre Farce wirkt, denn erstens bringt ein Perverser, der »den Papa spielte«, den anderen um, der, betrunken, in seinem Sterben verblüffend viel ganz und gar unerwartete Würde beweist, und zweitens bietet sich die Tötung selber als eine Sequenz von derart chaotischen, auf beiden Seiten derart hilflosen Handlung dar, daß man in der Literatur schwerlich etwas Ähnliches finden wird.

Und dennoch melde ich jetzt zwei generelle Einwendungen an; die erste gegen die Einführung, die zweite gegen eben dieses Ende, dieses Finale der *Lolita.* Bei der Einleitung habe ich den Eindruck, als wäre sie woanders hergenommen, als würde sie in eine andere Richtung zielen als die, welche das Buch dann einschlägt. Ich weiß, daß auch das Absicht war, wie ich weiter unten zu zeigen versuche, aber irgendwie ist es nicht ganz gelungen. Bestimmte Szenen haben sich über die Maßen verselbständigt (von dieser Gefahr sprach ich im Zusammenhang mit dem »kühnen Kopulationismus«). Die Passagen, in denen die ersten Annäherungen an Lolita geschildert werden, enthalten dumpfe innere Mißklänge, und namentlich eine durch und durch abscheuliche Szene, die in ihrer Atmosphäre an die »Memoiren eines verrückten Onanisten« erinnert, mag einem Leser, der nicht genügend Toleranz aufbringt, genügen, um den Roman fortzuwerfen. Diese drastischen Dinge brauchten nicht zu sein, nicht etwa, weil sie zu stark sind, sondern weil sie im Gegenteil den Roman schwächen. Schließlich vollzieht sich doch der Abstieg in die erotische Hölle auf Hunderten von Seiten, und weder Humbert noch Lolita bleiben keine der abgestuften Demütigungen erspart; weshalb also hat Nabokov so rasch das Maß überschritten, so als habe er seinen Helden nicht zügeln können? Es ist dies eine der wenigen Stellen des Romans, die an einen krassen Naturalismus gemahnen. Der Vorbehalt gegenüber dem Schluß ist dagegen ein anderer. Bevor ich auf die entfernten Zusammenhänge zwischen *Lolita* und dem Schaffen Dostojewskis zu sprechen komme, sei mir gestattet, den Bemerkungen, die sich mit dem Schluß des Romans befassen, eine Beschwörung der machtvollen

Gegenwart Dostojewskis vorauszuschicken. Der große Russe (ich bitte zu entschuldigen, daß ich in seinem Namen spreche) hätte die Sache vielleicht ebenfalls mit einem Mord beendet (denn er hätte einen solchen monothematischen Roman schreiben können), aber völlig anders. Wie? Wie er es gemacht hätte, weiß ich nicht, aber ich weiß, was mich am Epilog stört: ein bewußtes, merkliches künstlerisches Bemühen. Der Mittelteil des Buches ist künstlerisch durchgearbeitet wie eine Feuerkugel, die sich aus Begierde, Leidenschaft, grenzenloser Quälerei fast naturwüchsig zusammenfügt, während der erste Teil Ansätze eines eigentlich recht billigen Zynismus zeigt, in den lyrische Ausbrüche des seelischen Schmerzes eingestreut sind (denn das Ganze sind ja die im Gefängnis verfaßten Erinnerungen Humberts), doch kann man den Anfang vergessen, wenn man sich durch das glühendheiße Zentrum hindurchgearbeitet hat, wohingegen man den Schluß nicht vergessen kann, denn bei ihm bleibt man hängen. Ich würde sagen, daß Nabokov die Tötungsszene realistisch schildern wollte, also verrührte er in seinem Kessel die Farcenhaftigkeit mit der Entsetzlichkeit des Mordes, aber irgendwie hat er die Akzente zu sehr verfeinert, überdehnt und abgeschwächt, damit in diesem Dickicht die Schlußsteine der Konstruktion sichtbar wurden, die deren sorgfältig ersonnenes Skelett tragen, weil es anders sein sollte als in den Thrillern. Und hier liegt der Hund begraben. Ich sage das »gefühlsmäßig«, aber ich stelle mir vor, daß Nabokov bei der Schlußszene die Absicht hatte, so etwas wie ein Superpastiche des Thrillers zu schaffen, dieses Bankerts des viktorianischen Romans und der Memoiren des Marquis de Sade, oder vielmehr einen Kontrast zu diesem serienmäßigen Sensationsdreck, einen Kontrast, der das durch die Federn miserabler Schreiberlinge tausendfach verfestigte Stereotyp des »vorsätzlichen Mordes« zerschmettern würde. Es ist aber auch möglich, daß das keine bewußte Absicht war. Gewinnt die Haupthandlung trotz aller Anlage zum Melodramatischen (ein geiles Männchen, ein unschuldiges Mägdelein, Orgien u. dgl.) eine solche künstlerische Eigenständigkeit und Glaubhaftigkeit, daß jeglicher Zusammenhang und jede Ähnlichkeit mit dem ganzen Elend der Thriller verlorengeht, so schiebt sich jedenfalls im Augenblick der Tötung der bis dahin überwundene Isomorphismus in den Vordergrund.

Ein Kerl geht mit dem Revolver zu einem anderen Kerl und tötet ihn. Das galt es anders, besser, echter zu machen als im Thriller, und so wurde es auch gemacht. Leider stellt sich heraus, daß es damit nicht genug ist. Zu gut ist das Ringen gelungen, allzu präzise das Chaos geschildert, allzusehr gehen die Worte an der Situation vorbei, der Mordakt hat wie der Geschlechtsakt – da hilft leider nichts! – etwas Banales (im künstlerischen Sinne, ich bitte um Nachsicht!), auch wenn Nabokov die Banalität fürchtet wie das Feuer. Dostojewski hätte einen solchen Fehler nicht gemacht, weil er sich vor nichts fürchtete. Er war sich selbst die Welt, er legte selbst die Gesetze seiner Werke fest, und kein äußerer Einfluß wäre ihm in die Parade gefahren. Letzten Endes stellt sich heraus, daß von zwei Schriftstellern, von denen der eine auf die Konventionen keine Rücksicht nehmen möchte, und der andere diese beim Schreiben einfach ignoriert, der erstere schwächer ist: Der erstere arbeitet gegen etwas an, wie ein Mensch, der letztere arbeitet ganz schlicht, wie ein Demiurg. Fast hätte ich gesagt: »wie ein Element«. Das heißt, wie die Natur, mit einer an die der Natur heranreichenden Gleichgültigkeit für alles Überkommene. Aber vielleicht lauert in solchen allgemeinen Wendungen schon die Dummheit. Kommen wir zum letzten Teil dieser Anmerkungen.

IV

Meine Kühnheit geht mittlerweile so weit, daß ich nunmehr die Beziehungen aufdecke, die meines Erachtens zwischen dem Roman Nabokovs und dem Schaffen Dostojewskis bestehen. Fangen wir bescheiden an. Es kann mir unter Umständen passieren, daß ich die Urteile irgendwelcher Kritiker plagiiere – von ihnen weiß ich aber nichts. Nachdem ich die Lektüre von *Lolita* beendet hatte, mußte ich fast zwangsläufig zu *Schuld und Sühne* greifen. Eine der Gestalten, die mich darin am stärksten fasziniert, ist Arkadius Swidrigajlow. Sollte Humbert vielleicht eine um hundert

Jahre verspätete Verkörperung von ihm sein? Prüfen wir, welche Voraussetzungen es für diese Hypothese gibt. Wäre ich ein analytischer Kritiker, dann würde ich mich an eine förmliche Untersuchung machen. Ich würde auf gewisse Ähnlichkeiten beider Gestalten sogar im physischen Aussehen hinweisen: Während die naive Literatur den Abweichler gern mit Zügen körperlicher Anormalität, jedenfalls mit einer gewissen Häßlichkeit ausgestattet hat, sind Swidrigajlow und Humbert Männer, die sich sehen lassen können, breitschultrig, hochgewachsen, stattlich, mit überdurchschnittlicher Intelligenz begabt. Der eine ist hellblond, der andere brünett. Ha!, würde unser Kritiker-Detektiv sagen, bitte sehr, Nabokov hat versucht, das Vorbild abzuwandeln, und deshalb hat er ihm eine andere Haarfarbe gegeben! Aber mir geht es nicht darum, solche Ähnlichkeiten aufzuzeigen. Ich möchte vielmehr darauf hinweisen, daß Swidrigajlow (außer dem Haupthelden) die einzige Gestalt aus *Schuld und Sühne* ist, deren psychisches Innenleben der Schriftsteller darstellt. Damit tritt jedoch ein für unsere Absichten überaus bedeutsamer Wandel ein. Von außen betrachtet, ist Swidrigajlow – wozu überflüssige Worte machen? – ein Ungeheuer. So hat er seine Frau umgebracht oder jedenfalls zu ihrem Tod beigetragen, und er fuchtelt mit der Reitpeitsche herum, und schließlich hat er für kleine Mädchen eine solche Schwäche, daß er nicht irgendein »Nymphchen«, sondern ein Waisenkind, eine Stumme, zum Selbstmord trieb – das dürfte reichen. Sobald wir uns jedoch in ihn hineinversetzen, an seinen Wahnvorstellungen und Alpträumen teilhaben, passiert etwas ganz Eigenartiges: Wir können – zumindest teilweise – dieses Monstrum verstehen, gelegentlich mit ihm fühlen, ja mehr noch, seine Monstruosität scheint an den Höhepunkten seiner Erlebnisse zu verschwinden, und als einzige Materie bleibt dann eine psychische Verzweiflung zurück, die so umfassend ist, daß sie gewissermaßen die ganze Welt umfaßt, daß außer ihr nichts mehr bleibt, und weil es keinen Bezugspunkt gibt, kann man sie nicht einmal benennen; und in dem durch seine unvergleichliche Schlichtheit und Strenge erschütternden Augenblick des Selbstmords (der zugleich eine in der Weltliteratur einmalige exhibitionistische

Zurschaustellung des Eintretens in »jenen« Bereich, in jene Swidrigajlowsche Ewigkeit ist, die durch die schmutzige, von Spinnen erfüllte Bude dargestellt wird) entsteht wahre Erleichterung, es ist in dieser Erschütterung etwas Besänftigendes und Versöhnendes mit jener in einem Sekundenbruchteil von Menschlichkeit erfüllten Kreatur. Das alles wird durch Introspektion erreicht. Humbert wäre, von außen beschrieben, wohl noch abscheulicher als Swidrigajlow, denn er ist »subtiler« und feiger, und lächerlicher, ja eigentlich schlicht lächerlich, denn an der Gestalt Swidrigajlows ist nichts Komisches.

Was ich zuvor gesagt habe, war nur die Einleitung zu dem, was ich eigentlich sagen will. Swidrigajlow hatte, wie wir wissen, zwei Leidenschaften: die eine war Raskolnikows Schwester Dunja, die andere waren mehr oder weniger anonyme Halbwüchsige. Während Dunja sozusagen zum Lieben da war, waren die Halbwüchsigen für Ausschweifungen da. Und was diese Mädchen betrifft, so hatte Swidrigajlow eine spezielle Manie: in Wirklichkeit verführte, schändete er das Kind, doch ihm kam es so vor, als sei es genau umgekehrt. Denn in seinem letzten Traum, der dem selbstmörderischen Akt unmittelbar voraufgeht, scheint es ihm, als würde das verweinte und durchgefrorene Mädchen, das er in der Nacht in einem Winkel des schmutzigen Hotelkorridors entdeckt, sich in sein Bett legen und zunächst so tun, als ob es schlafe, um dann zu versuchen, ihn – ja: sie ihn! – zu verführen!

Genau dasselbe geschah, nun bei Bewußtsein, mit Humbert und Lolita, sie verführte ihn, allerdings im Zimmer eines *Motels,* aber seit der Entstehung von *Schuld und Sühne* sind ja auch hundert Jahre verflossen.

Jetzt, glaube ich, wird alles klar. Die zwei Gestalten, die zwei Seiten der Leidenschaft Swidrigajlows, die Liebe zur erwachsenen Frau und den perversen Hang zum Kind, hat Nabokov zu einer Figur zusammengefügt. Sein Humbert ist ein sexueller Dr. Jekyll und Mr. Hyde, der, ohne es selbst zu wissen, sich in das Objekt seiner verderbten Begierde verliebte.

Jetzt klärt sich auch jener scheinbar verblüffende Widerspruch auf, der den perversen Humbert gegen Ende des Romans Lolita treu werden läßt, und diese »Treue« des Perversen zu seinem Opfer erklärt sich nicht einmal so sehr dadurch, daß zwei Urbilder zu einem vereint wurden – Swidrigajlow stellte den Mädchen nach (er hatte wohlgemerkt in Petersburg noch ein »Reserve«opfer in Gestalt seiner minderjährigen »Verlobten«), aber er liebte nur Dunja – in *Lolita* steckt noch etwas anderes. Selbstverständlich mußte Nabokov, nachdem er die Synthese vollzogen hatte, die Austauschbarkeit der Lustobjekte, die für die »normale Perversion« charakteristisch ist, ersetzen durch die Unverwechselbarkeit der erotischen »Hyperfixierung«, die das durchgängige Merkmal der Liebe ist. Er gab damit jedoch nicht die Gesetze der Psychologie preis, sondern die Gesetze der Klinik: Durch die niedersten Bereiche des animalischen Sex, durch seinen rücksichtslosen Egoismus hindurch, gewissermaßen auf dem umgekehrten Wege, als ihn in der Regel die Kunst beschreitet, gelangte er zu der Liebe, und auf diese Weise stellte sich heraus, daß die zwei scheinbar unvereinbaren Pole, das Teuflische und das Engelhafte, eins sind. Aus der Erniedrigung entstand ein derart geläutertes Gefühl, daß dieses Werk zur Kunst wurde.

Da ich so viel von den Affiliationen zwischen *Lolita* und einem Teil des Themenkreises Dostojewskis gesprochen habe, sind gewisse Einschränkungen unerläßlich. Es kann keine Rede davon sein, daß von dort eine gerade Linie zu dem Buch Nabokovs führt. Zunächst geschieht mit Humbert etwas, was für Dostojewski niemals möglich war. Der Hang zum Kind, seine Schändung erschienen ihm als eine Hölle, aus der es keine Erlösung gab, als eine ebenso verdammungswürdige Sünde wie der Mord, nur noch perfider, weil die Quelle der absolutesten aller dem Menschen verbotenen (wenn auch dadurch natürlich teuflisch verlockenden) Lüste. Die Grenze, an der Dostojewski (oder vielmehr seine Stawrogins und Swidrigajlows) Halt machte, die fehlende Möglichkeit, eine solche Sünde zu sublimieren, war nicht deshalb unantastbar, weil es ihm an Mut gefehlt hätte – mangelnden Mut wird ihm wohl niemand vorwerfen können –, sondern deshalb, weil er kompromißlos war und seine Kompromißlosigkeit in den

Gestalten der von ihm geschaffenen Ungeheuer verkörperte. Es waren nicht allein wegen der Dimension ihrer Laster große Gestalten. Ihre Überdurchschnittlichkeit war nicht auf den Bereich des Intellekts beschränkt, sondern erstreckte sich auf die gesamte Persönlichkeit. Obwohl sie abstoßend waren, hatten Swidrigajlow und besonders Stawrogin etwas überaus Berückendes. Im Vergleich zu ihnen schrumpft Humbert offenkundig auf ein kleineres Maß. Er ist der Klerk, der Intellektuelle par excellence, der Ästhet, den es allein schon wegen seines europäischen Charakters weder nach der großen Sünde noch auch nur nach den kleinen Sünden verlangt (nach der ersteren nicht, weil ihm die religiöse Metaphysik nichts bedeutet, nach den letzteren nicht, weil das nicht nach seinem Geschmack ist), sondern ganz schlicht nach Vergnügen; seine Rücksichtslosigkeit beruht auf Verlogenheit und Ichsucht, nicht auf Sadismus oder Grausamkeit; wir erfahren gelegentlich, daß ihm schon der Gedanke an Gewalt widerstrebt, kurz, dieser Perverse ist bei aller Aufrichtigkeit seiner Bekenntnisse ein Pharisäer, der es sich gern bequem einrichten und auch Lolita befriedigen würde, nur daß ihm das leider zu seinem Kummer, seiner Betrübnis, seiner Verzweiflung nicht ganz gelingt. Solange er die Kontrolle über Lolita hat, quälen ihn nicht Gewissensbisse, sondern eine – wie ich sagen würde – ganz und gar weltliche Angst, und auch die äußerlichen Übereinstimmungen mit den Gestalten Dostojewskis reichen nicht weit. Denn das, was an ihm die Frauen anzieht, ist eine Art von Schönheit, die den Männlichkeitsidealen entspricht, wie Hollywood sie lanciert. Mit einem Wort: dieser Sexualdelinquent ist kein großer Verbrecher; er wurde ja auch schon durch ein früher gefallenes Wort definiert: er ist ein Schwein. Stawrogin kann man aber wahrlich nicht als ein Schwein bezeichnen.

So ist das also. Um so dankbarer ist Nabokovs Rolle, denn er gibt Humbert in der Szene, die für mich den Höhepunkt des Werks darstellt, die Gelegenheit zur Buße; Humbert entdeckt, vor der »wiedergefundenen Lolita« stehend, daß er diese aller »nymphchenhaften« Reize beraubte, schwangere, blasse Lolita, die jede, selbst die jämmerlichste Parodie eines Familienlebens dem Schicksal vorzieht, das der »Stiefvater«

ihr bereitete – daß er diese Lolita noch immer liebt, vielleicht auch, daß er sie erst jetzt liebt, oder daß er sie man weiß nicht genau seit wann liebt, denn die Metamorphose hat sich Schritt für Schritt vollzogen. Entgegen seinen eigenen Vermutungen erlischt das Gefühl nicht, und damit offenbart sich ihm, daß Lolita nicht gegen ganze Heerscharen von »nymphchenhaften«, im richtigen Stadium der Unreife befindlichen Huris ausgetauscht werden kann, als etwas Endgültiges, als etwas, das sein Fassungsvermögen, sein Talent, alles, was ihm widerfahren ist, zu verspotten und zu verhöhnen, übersteigt, als ein Geheimnis, mit dem sich auseinanderzusetzen er weder bereit noch fähig ist. Die mit dieser Entdeckung verbundene Verzweiflung, die noch dadurch vertieft wird, daß Lolita es kategorisch ablehnt, mit ihm fortzugehen, eine Verzweiflung, die fraglos im Bereich äußerer Handlungen keinen Ausweg finden kann, die jeglicher Chance einer künftigen Erlösung beraubt ist, macht dem Leser die ganze abscheuliche Vergangenheit erträglich, ja mehr noch: diese Verzweiflung kulminiert in einem nicht explizit benennbaren Seelenzustand, dessen religiöses Äquivalent eine aufrichtige Buße und Reue wäre und dessen Steigerung in einer der Reue nicht nachstehenden, in jener Sekunde durch nichts mehr beeinträchtigten Zärtlichkeit gegenüber dem Opfer bestünde. Ich sage religiöses Äquivalent, um eine Skala vergleichbarer Werte zu finden, denn die Atmosphäre dieser Szene ist durch und durch profan, weil in dem Roman außer dem Diesseitigen nichts anerkannt wird. Aus einer zufälligen, aus einer von vielen wird Lolita so zu der einzigen und unersetzlichen, die selbst in der vorweggenommenen leiblichen Häßlichkeit der Niederkunft, der Überreife und des Erlöschens unschätzbar bleibt. Und so wird in jenem, eigentlich nur Sekunden dauernden Augenblick der Mechanismus der frevlerischen Begierde nicht mehr durch die Mißachtung von rechtlichen und gesellschaftlichen Verboten zunichte gemacht, sondern durch die völlige Gleichgültigkeit und Gefühllosigkeit gegenüber dem Los, dem nicht wiedergutzumachenden Leid, der geistigen Welt des erotischen Zwangspartners. Wenn sich in jener Sekunde vor den Augen des Lesers die Synthese zwischen dem »nymphchenhaften«

Objekt der Begierde und dem Objekt der Liebe vollzieht, wenn es zum Subjekt wird, geschieht etwas, das der düsteren Landschaft von Dostojewskis Gestalten fremd ist und eindeutiges Eigentum Nabokovs und eine Eigentümlichkeit seines Werkes ist.

Soviel zum Schicksal der Romangestalten. Es besteht noch ein dritter Unterschied, der es nicht erlaubt, Nabokovs Buch in eine Reihe mit dem Schaffen Dostojewskis zu stellen. Er besteht in der stilistischen Ebene des Werkes und dem in Humberts Beichte integral eingeschmolzenen Faktor eines allgegenwärtigen Humors. Diesem Humor ist es gelungen, selbst das lächerlich zu machen, was sich scheinbar der Komik entzieht – die Begierde –, indem er Humberts Vorstellungen von einer künftigen Ehe mit Lolita schildert, seine Hoffnung, sich, wenn er mit ihr ein Töchterchen haben wird, an dem nächsten »Nymphchen« zu trösten, das ihm eine Wiederholung seiner unzüchtigen Lüste ermöglichen wird. Indessen ist damit die maßlose Abscheulichkeit dieser Wunschträume noch nicht erschöpft, denn die mit vollem Bewußtsein weiterentwickelte Phantasmagorie läßt Humbert sich selber als einen rüstigen Alten sehen, der noch mit dem eigenen, in blutschänderischer Beziehung mit der nächsten Lolita gezeugten Enkelkind unzüchtige Spiele treibt, und auf diese Weise wird das schlechthin Makabre durch die monströse Übertreibung einfach komisch. Die Begierde wird durch diesen »priapischen Hyperoptimismus« kompromittiert, lächerlich gemacht, ad absurdum geführt, und das beim Leser ausgelöste Lachen rettet Humbert in dieser Situation, so wie es ihn in vielen anderen Situationen rettet, die es dem Schriftsteller wohl zuweilen schwerer machen dürften, sie ironisch zu bewältigen – und damit auch, sie in ebenso knapper Form wie hier zu analysieren.

*

Diese Bemerkungen enthalten einen bedeutsamen Widerspruch. Zunächst habe ich ein so belebtes Gebiet wie die literarische Kritik zu einem Vakuum erklärt, um dann dieses angebliche Vakuum mit meinen eigenen apodiktischen Urteilen auszufüllen. Ich kann diesen Vorwurf nicht einmal mit der Erklärung zurückweisen, daß ich nur probieren wollte, was man an Nachprüfbarem über die Schaffung literarischer Werke in einer dieser Übergangszonen sagen kann, in denen die Tragfähigkeit der literarischen Mittel durch den heiklen Charakter des Themas bis an die Bruchgrenze belastet wird. Ich kann das nicht, denn ich weiß nicht, ob jeder (oder vielmehr weiß ich, daß sicherlich nicht jeder) mit meinen Prämissen übereinstimmt. Zu meiner Verteidigung kann ich mich lediglich auf die respektablen Vorbilder berufen, wie sie die philosophierenden Solipsisten liefern, die Werke über den Solipsismus verfassen und dabei inkonsequent sind, denn wenn sie glauben, daß außer ihnen niemand existiert, können sie nicht damit rechnen, daß jemand diese ihre Traktate über den Solipsismus liest. Es mag Leute geben, für die gerade *Die Mauer* und *Lady Chatterley* hervorragende Literatur sind, während sie in *Lolita* ein Buch sehen, in dem die Schweinerei die einzige Sache von größerem Kaliber ist. Dagegen kann man nichts machen. Ich glaube nämlich nicht, daß jemand (ein scharfsinniger Kritiker z. B.) einen Leser, der das Ding bereits gelesen und mit Widerwillen zurückgewiesen hat, von dem Werk überzeugen und Bewunderung in ihm wecken kann. Der Eisbär wird mich niemals davon überzeugen, unter das arktische Eis zu tauchen, auch wenn ich nicht bezweifle, daß es ihm Spaß macht. Aber *Lolita* wirft – wenn wir uns schon nicht ganz so einig werden können, wie es denkbar wäre – ein anderes Problem auf, das der erwähnten Übergangszonen. Sie steht auf dem unsicheren Boden, der den Thriller vom psychologischen Drama trennt, und es gibt mehr solcher Zonen: zwischen der psychopathologischen Studie und dem Kriminalroman, zwischen der wissenschaftlichen Phantastik und der Literatur als solcher oder schließlich zwischen einer »für die Massen« geschriebenen und einer elitären Literatur. Denn es besteht wohl kein Zweifel daran, daß die Kluft zwischen den Notierungen an der exklusiven Börse der Kunst und dem Niveau der Produktion vom Schlage der *mass culture* wächst. Doch so verrückt der Versuch erscheinen mag, Gattungen, die so schrecklich weit voneinander entfernt sind, miteinander zu kreuzen, und derjenige, der auf diesem

Gebiet experimentiert, sich sowohl der intellektuellen Leser beraubt sehen mag, die ihn nicht mehr lesen mögen, als auch der massenhaften Leser, für die das noch zu schwierig ist, würde ich es dennoch wagen, auf solche Kreuzungen zu setzen. Sie werden sich vielleicht auch ohne jene Aura des Skandals als lebensfähig erweisen, der *Lolita* aus der Masse der pausenlos auf der Welt erscheinenden Bücher heraushob.

Nachdruck aus »Twórczość« Nr. 8 (1962)

Vorwort zu A. Słonimski *Torpeda czasu*

Mehrfach habe ich schon nach einer Weise gesucht, den Lebensweg der Science Fiction darzustellen, und stets zeigte sich, daß rein literarische Kriterien nicht ausreichen. Vielleicht wäre ihre Entwicklung in der verstehenden Sprache eines aufgeklärten Psychologen zu beschreiben, der ohne Entrüstung, aber auch ohne Gefühlsduselei darzustellen hätte, was man im 19. Jahrhundert als Fall einer anständigen Frau bezeichnete.

Die Literaturgeschichte hüllt – ähnlich wie die Gesellschaftschronik – gewisse Dinge in ein peinliches Schweigen. In der großen *Literary History of the United States* (Macmillan Company, New York, 1515 Seiten, 59 Autoren, 6 Redakteure), deren letzte, 1964 erschienene Ausgabe auf meinem Schreibtisch liegt, würde man im Sachregister vergeblich nach dem Stichwort Science Fiction suchen. Im Register der besprochenen Autoren (56 Spalten in der allerkleinsten Drucktype) taucht nicht ein einziges Mal der Name eines Schriftstellers dieser Gattung auf – mit Ausnahme von H. G. Wells, der im übrigen in Verbindung mit seiner »außerphantastischen« Aktivität zitiert wird. Hingegen werden in diesem Band Schriftsteller und Schriftstellerinnen erwähnt, die außer dem Historiker mit akademischem Grad niemand kennt – viertrangige Gestalten, aber aus der »guten Gesellschaft«.

Gleichzeitig ist die Gegenwart der Science Fiction auf dem Buchmarkt der USA unmöglich zu übersehen. Diese Bücher kommen in Massenauflagen heraus, in einer solchen Menge, daß nicht einmal der Raketenbesessene, der eingeschworene Sternenfan sie alle lesen kann. Hinzuzurechnen sind noch doppelt so viele Werke in Magazinen und Spezialpublikationen. Verfaßt werden diese Werke von Hunderten von Leuten, Hunderte von Gehirnen pressen bis zum letzten Atom Einfälle aus sich heraus, die in der Schaffung der allergroteskesten, schockierendsten und dramatischsten Visionen kulminieren; man fragt sich, ob nicht die bloße Zahl der in diesem emsigen Mühen Engagierten garantieren müßte, daß wenigstens ein Teil jener Werke würdig ist, in die *Literary History of the United States* Eingang zu finden. Ist ihr Schweigen vielleicht nur das Ergebnis akademischer Überheblichkeit, geringschätziger Nonchalance von Eingeweihten, einer akademischen Haarspalterei, die im Konservatismus erstarrt ist, blind für die Werte einer Gattung, die nach Auffassung ihrer Anhänger das Salz der Moderne ist, der wahre Spiegel der Wandlungen unserer Welt?

Mir scheint, daß nicht das Problem der »Schuldzuweisung« zu untersuchen ist, sondern lediglich das teils belehrende, teils bedauerliche Schicksal jener literarischen Erscheinung, die sich – und sei es nur in den Werken von Wells – an der Wende dieses Jahrhunderts so glänzend ankündigte.

Nun sind der Science Fiction – nicht an einem Ort und nicht zu einer Zeit, doch macht das das Unglück nicht kleiner – eine Reihe von unguten Dingen zugestoßen, die ihr Leben zerstört haben. Es sei angemerkt, daß sie selbst sich dieser Dinge nicht einmal sonderlich bewußt ist – um so schlimmer für sie.

Sie sank nämlich – fast schon in den Anfängen – zu einer zweideutigen Unterhaltung herab, die Anklang fand und ihr riesige Auflagen bescherte; der Erfolg schadete ihrem Ruf, doch sie sank weiter ab – sie ließ sich mit dem Kriminalroman ein, bis sie schließlich in Schundmagazinen landete, da sie sich als eine ungewöhnlich »gängige« Ware erwies.

Bevor wir gleich dem verdächtigen Zuwachs der Science Fiction nachgehen, wollen wir noch für einen Augenblick das Ganze aus der Vogelperspektive betrachten: In welcher Weise bestimmte literarische Gattungen sich innerhalb der Hierarchie der gesamten Literatur eine Stellung erwerben, ist, das sei zugegeben, eine ebenso interessante wie unklare Sache. Der Roman war einmal eine sehr viel »schlechtere« literarische Gattung als die Dichtkunst, und die Bezeichnung »Epos« konnte sich ein Gedicht erwerben, nicht aber irgendeine Geschichte, die die Wechselfälle des Alltags in Prosa beschrieb. Das Drama, dank seiner guten griechischen Herkunft von edler Geburt, spielte nie die Rolle eines Emporkömmlings, doch am Beispiel des Romans läßt sich eine von den Niederungen ausgehende, nach oben klimmende Karriere untersuchen, die sich durch eigene, gewaltige Anstrengungen schließlich allgemeine Achtung erwirbt. Sind jedoch die Entwicklungsgänge der einzelnen Gattungen im gesellschaftlichen Urteil einmal definitiv verfestigt, so kann ein Werk, das in einer dieser Gattungen entsteht, sofern diese Gattung einen auch nur ein wenig verdächtigen Umgang zeigt, nur noch sich selbst nobilitieren. Mit anderen Worten: *Schuld und Sühne* wird nicht als ein ausgezeichneter Kriminalroman betrachtet, weil unser Klassifikationsrahmen eine solche Feststellung nicht zuläßt. Dostojewski fügte sich nicht in den Bereich der »romanhaften Kriminalistik« ein, er überschritt die Grenze, doch tat er das im eigenen Namen und nicht in dem der Gattung. Wenn sich daher ein Werk »gattungsmäßig« sogar den »Krimis« zuordnen läßt, wie etwa die Bücher von Chesterton, wir es aber gleichzeitig schätzen, wird per ad hoc-Entscheidung festgesetzt, daß seine »Kriminalität« (oder in einem anderen Falle seine »Romanhaftigkeit«) nur *vorgetäuscht* ist, ein Trick des Verfassers, ein Beweis der subtilen Raffinesse des Schriftstellers, nicht aber der Ausschweifung. Auf diese Weise behält die Gattung weiterhin die Merkmale einer verdächtigen Führung, und das Buch wird für die »echte Literatur« gerettet. Dadurch wird, wie das polnische Sprichwort sagt, sowohl der Wolf satt als auch das Schaf gerettet.

Mit der Zeit wird es jedoch selbst für das beste Buch immer schwieriger, die Grenze des Gattungs-Ghettos zu überschreiten. Wir erwähnten *Schuld und Sühne;* führen wir uns daher die darin auftretende Gestalt Sonjas vor Augen, einer Prostituierten mit reinem Herzen und edler Seele; wir wissen im übrigen sehr wohl, daß solche Personen von ihren Klienten nicht in Situationen aufgesucht werden, die dem Zutagetreten höherer Seelen- und Herzenswerte förderlich wären, und daß es sehr schwierig ist, bei jemand oder bei etwas zu entdecken, was man nicht sucht. Im übrigen hat – da hilft nichts! – die Ausübung eines jeden Berufs ihre unausweichlichen Konsequenzen; wie Sonja innere Reinheit zu bewahren, ist nicht nur nicht leicht, sondern grenzt leider nahezu ans Unmögliche, weil jeder am Ende so wird wie diejenigen, mit denen er umgeht. Schließlich setzen ja unausweichliche Anpassungsprozesse ein, in deren Dienst auch Fähigkeiten treten, die ansonsten von guter Herkunft und wertvoll sind wie Scharfsinn, Intelligenz, Charme und Gefälligkeit – alles Dinge, mit denen die Science Fiction von ihrer Geburt her reichlich ausgestattet war. Mit leichter Übertreibung kann man sagen, daß der Unterhaltungscharakter der Gattung eine besondere Art von Dienst ist, ein Dienst, bei dem derjenige, der Unterhaltung liefert, dem Leser vor allem diese zu bieten hat, nicht aber sich selbst, nicht seine Persönlichkeit, weil es auf sie nicht ankommt. Die Kunst besteht aber doch gerade darin und ist um so edler, je deutlicher uns der Künstler wird, als ein bestimmter, unwiederholbarer Mensch, der uns etwas in einer bestimmten Weise zu sagen hat, so daß ihn darin niemand ersetzen kann; es soll zu einem äußerst persönlichen, ja sogar intimen Kontakt kommen, aber auf einem Niveau, das eine Unterwerfung unter den Publikumsgeschmack, eine platte Liebedienerei völlig ausschließt. Wir werden zu Treuhändern der Wahrheiten des schriftstellerischen Erlebens, das uns das Werk in größtem Vertrauen, beinahe im geheimen mitteilt – und nicht zu Empfängern einer Ware vom laufenden Meter.

Wir sprachen schon von der Zweideutigkeit, welche die Stellung der Science Fiction kennzeichnet, denn es ist nicht so, daß sie in genau der gleichen, vulgären Weise herumlottert, keine Rücksichten nimmt und ebenso schamlos handelt wie etwa die pornographischen Schmöker oder die »schwarzen« Kriminalromane. Sie war schließlich von guter Herkunft, stammt von Eltern voller Gelehrsamkeit und Phantasie, hat einen Stammbaum, der bis zu den Sagen, Mythen und Märchen zurückreicht, gleichzeitig aber die Rationalität der Enzyklopädisten und die empirische Haltung der englischen Philosophen einschließt, und desgleichen verfügte sie über glänzende diskursive Fähigkeiten, vermochte sie ernst oder auch spöttisch zu sein, und es stand ihr, so konnte man jedenfalls glauben, eine überaus glänzende Karriere bevor. Immerhin hätte sie sich raketenartig zu den elitären Höhen der Einweihung in die tiefsten Probleme der Wissenschaft und der Philosophie des Menschen aufschwingen können, in die heute ja so bedeutsame moralische Problematik der Wirkungen der Technik; es hätten in ihr gewaltige Diskussionen über die ewigen Wahrheiten unserer Gattung stattfinden können, und ganze, auf die Zukunft gerichtete und die Vergangenheit widerspiegelnde metaphysische Systeme hätten in ihr entstehen können. Alles das hätte geschehen können, aber es geschah nicht, weil beinahe jedes ihrer Talente, jede ihrer Tugenden schon bei der Geburt den schwachen Stempel zumindest potentieller Verderbnis, wenn nicht gar des Niedergangs trug.

Natürlich müßte man zunächst vieles über die ökonomischen Ursachen sagen, denen es (wie man meinen könnte) ausschließlich zuzuschreiben war, daß Dostojewskis unglückliche Sonja auf die Straße ging. Doch sei gewissermaßen am Rande, aber ohne jeden Zynismus vermerkt, daß – Ökonomie hin oder her –, wenn nicht gewisse Werte dagewesen wären, die sich gerade auf der Straße auszahlen, diese, bedauerlicherweise abwärts gleitende Karriere unmöglich gewesen wäre, denn etwa mit einem Buckel wäre Sonja gezwungen gewesen, nicht allein ihre geistige Tugend zu bewahren. Nun war aber die Science Fiction, als sie der Welt entgegentrat, nicht nur mit einer durchdringenden Intelligenz ausgestattet, sondern auch mit einer, wie ich meine, recht eingängigen Schönheit, die zumindest nicht so schwer zugänglich war, als daß sie nicht auf massenhaften Widerhall hätte rechnen können. Popularität hat oft sehr unterschiedliche Ursachen, die manchmal nur das Resultat eines den Geboten der Mode folgenden Snobismus sind – das gilt, wenigstens teilweise, für die leicht resignierte Aufnahme, welche die abstrakte Malerei bei weiten Kreisen des Publikums gefunden hat. Es ist doch sehr viel bequemer, wenn man, in der geachteten Rolle des Kunstkenners auftretend, der snobistischen Mode huldigen und zugleich sich im stillen an Akten der naturalistischen Schule gütlich tun kann, die dem Betrachter derart vielfältige Erlebnisse zu bieten vermögen, wie es kein Akt von Picasso kann. Das sind gewiß etwas heikle Dinge, aber es fällt schwer, sie zu verschweigen. Die die Aufmerksamkeit fesselnde Rolle des Sex spielte in den Anfängen des Lebensweges der Science Fiction das in ihr stets vorkommende Abenteuer. Denn fast alle Romane von Wells konnte man als abenteuerlich, ja sogar als sensationell auffassen. Man konnte die Augen vor ihrer philosophischen, wissenschaftlichen Problematik verschließen und dennoch eifrig und mit roten Ohren den *Krieg der Welten* oder die *Insel des Doktor Moreau* lesen. Wenn jemandem meine Ausführungen als an den Haaren herbeigezogen erscheinen, so rechtfertige ich sie mit dem folgenden Beweis: In den USA kommen die Romane von Wells in den gleichen Serien heraus, in denen die »gewöhnliche« SF erscheint, doch gilt das nur für seine phantastischen Bücher. Und ähnlich wird beispielsweise von Poe nur das »herausgeklaubt«, was in Sammlungen von »Horrorstories« paßt, weil die *Gattung* über die Autoren dominiert, sich sie unterordnet, sich hermetisch abschließt und alles, was über ihre Grenzen »hinausragt«, amputiert. Während es aber jedem Leser von Wells oder Poe klar ist, daß ihre Bücher als eine gedankliche, begriffliche Einheit begriffen werden müssen, haben sich die Gesetze der Gattung gegenüber der inneren Kohärenz der Werke selbst so großer Schriftsteller als stärker erwiesen. Wells hat es somit der »leicht eingängigen« Schönheit zuzuschreiben, daß ein Teil seiner Bücher, »aufgesogen« von der Science Fiction, zwischen farbigen Einbanddeckeln ein Kümmerdasein fristet; das Werk des Autors wurde also in einer Weise auseinandergerissen, die man sich nur klarmachen kann, wenn man sich vorstellt, das Werk von Thomas Mann würde in Bücher »über Hochstapler«, »über Ärzte« oder »über Musiker« »zerhackt« präsentiert.

Eine Eigenart der Science Fiction machte es jedoch nicht nur möglich, sondern auch notwendig, daß sie im Zuge ihrer »Verschmökerung« einige Merkmale ihrer guten Herkunft zumindest für eine recht lange Zeit bewahrte. Die Unterhaltungsliteratur hat verschiedene Niveaus, zum Beispiel das Stevensons, auf dem das Denken noch erlaubt ist, doch hat sie auch solche von eindeutigem Schundcharakter, wo der Schriftsteller nur gefällig sein darf, nur angenehmen Kitzel zu liefern hat, ohne dafür etwas – das heißt eine Anstrengung des Lesers, intellektuellen Scharfsinn oder gar eine »Gewissensprüfung« – zu verlangen. Auf diesem Niveau maximaler Erleichterungen entscheidet nur noch ein Surrogat von Erlebnissen, die entweder unerreichbar oder durch die gesellschaftlichen Konventionen direkt verboten sind. Noch die unschuldigste Form eines solchen Ersatzes bietet die englische Variante des Kriminalromans, die aus dem Leben des Detektivs und des Verbrechers einfach ein Schachduell macht, also ein mitreißendes, nach strengen Regeln ablaufendes intellektuelles Spiel. Die »schwarze«, amerikanische Variante befriedigt bereits sadistische und masochistische Neigungen, und in den halb-pornographischen Schmökern, jenen »Bettgeschichten«, die ihre »detektivistischen«, »gesellschaftlichen« und »historischen« Varianten besitzen, befriedigt er ersatzweise sexuelle Wunschträume. Man muß zugeben, daß die Science Fiction sich lange dagegen gewehrt hat, sich derart zu prostituieren. Sie war ein Abenteuer denkender Menschen und verlangte daher einen Leser, der zumindest ein bißchen denkt. Sie stand jedoch, was man nicht vergessen darf, unter dem ständigen Druck ökonomischer Faktoren. Weil die Produzenten einer Ware so viel wie möglich produzieren müssen, ist ein möglichst gieriger Konsum erste Leser-, ja Bürgerpflicht. Deshalb darf man bei einer total kommerzialisierten Literatur, wie sie die SF in den Staaten darstellt, an all jene Prozesse, die ein Buch im Kontakt mir den Lesern langsam »heranreifen« lassen, an jene Prozesse einer natürlichen Auslese, die im Laufe der Jahre nur die wertvollsten Positionen übriglassen, nicht einmal denken. Alles, was geschrieben und gedruckt wird, ist eine ephemere Erscheinung, das Publikum, durch eine entsprechende Dressur gedrillt, durchblättert in den Vorortzügen die bunten Magazine, wirft sie fort und greift mit einer bereits automatisierten Bewegung nach der neuen Ausgabe. Wer von den Kunden Sonjas läßt sich mit ihr in lange nächtliche Gespräche ein, wer erkundet die Sorge ihres Herzens und die Qualen ihrer Seele? Und würde sie selbst den Versuch machen, sie alle zu beichten, so würde sie rasch alle Kunden abschrecken und, statt in Schande zu leben, Hungers sterben. Die Science Fiction muß gegenwärtig produzieren, was von ihr erwartet wird, und von ihr wird erwartet, was sie eilfertig auf den Markt wirft – das ist der geschlossene Kreislauf jener Prozesse, die aus der Literatur eine Ware machen.

Es ist bekanntlich nicht üblich, Socken, Pullover und

Krawatten auf einen Haufen zu werfen – jede Warengattung hat im Geschäft ihr eigenes Fach. Die eigentliche Literatur wird nicht derart in Fächer aufgeteilt. *Faust* steht im Regal nicht unter dem Stichwort »Zauberer, Teufel, Bettromanzen«, und *Pan Tadeusz* steht nicht unter der Überschrift »Streitigkeiten in Einfamilienhäusern«. Den ersteren muß man unter »Goethe«, den letzteren unter »Mickiewicz« suchen. Das Recht auf eine solche Individualisierung hat die SF längst verloren. Sie wird vielmehr verkauft, wie man Pullover verkauft: in einem eigenen Fach stehen Werke der »Science Fantasy«, in einem eigenen solche der »Space-Opera«, in einem anderen »Horrorstories«, »Aliens« und so weiter. Das heißt, daß sogar innerhalb der Gattung jeder Autor entweder zurechtgehobelt wird oder sich einfach selber derart spezialisiert, daß alle seine Bücher in ein Fach passen.

Die Gesetze der Physik sind auf dem Gebiet der Literatur nicht im buchstäblichen Sinne wirksam, doch von gewissen Entsprechungen kann man durchaus reden. So wirkt das Gesetz der großen Zahl, das in der Physik für Mittelwerte sorgt, in der Literatur in dem Sinne, daß alles grau und düster wird. Ein Stück Bernstein, auf schwarzen Samt gebettet, ist ein Objekt, das Beachtung findet, hundert Milliarden solcher Stücke sind lediglich ein gewaltiger Haufen von gelblich-trübem Glas, der weniger an Juwelen denken läßt als vielmehr an eine Ladung Bierflaschen, über die ein Traktor hinweggefahren ist. Alles Originelle, Außergewöhnliche, Ungewöhnliche wird durch die Zahl ausgelöscht, unterliegt in der Masse einer totalen Inflation, und das unerträgliche Übermaß läßt selbst Brillanten zerschlagenem Glas ähnlich werden – was soll man da von Büchern verlangen, die nur selten Brillanten ähneln? Und was für Reaktionen löst wiederum eine derart unerträgliche Herdensituation bei den Autoren aus? In dem Bemühen, sich um jeden Preis hervorzutun, werden Themen in einer Weise ausgebeutet, die immer weniger das klassische »savoir vivre« der Gattung berücksichtigt. Ich weiß nicht, welcher der Autoren als erster begriffen hat, daß statt des Raumanzuges die Nacktheit, statt der Rakete das in ihr aufgestellte Bett leichter zu verkaufen ist. Es war ein wahrer Entdecker »à rebours«. Ich schlage die September-Nummer (aus 1964) von »Fiction« auf, der französischen Variante des amerikanischen »The Magazine of Fantasy and Science-Fiction«. An erster Stelle: *Initiation eines Humanoiden* – eine außerirdische Zivilisation mit defektem Klimaregler engagiert zu dessen Reparatur einen jungen Terraner, damit dieser im Museum ein eingefrorenes 18jähriges Mädchen aus dem Jahre 1852 entdecken und nach und nach in die Geheimnisse des Geschlechtslebens einführen kann. An zweiter Stelle: *Schwarze Magie* – in einem defekten Raumschiff eingeschlossen, das sie nicht reparieren können, rufen irdische Wissenschaftler mitteils »Schwarzer Magie« den Teufel herbei, der ihnen zwar die Rückkehr zur Erde ermöglicht, aber ins Mittelalter mit den brennenden Scheiterhaufen der Inquisition. An dritter Stelle: *Bericht über das Sexualverhalten der Bewohner von Arktur 10.* Das heißt: Raketen, Elektronengehirne, Kosmosse und alles übrige werden mobilisiert, damit jemand mit jemand ins Bett gehen kann. Der Sex hat nicht nur das intellektuelle Abenteuer besiegt – mit diesem verschwand aus der Science Fiction der davon, wie es schien, nicht zu trennende Rationalismus. Teufel, Dämonen und Vampire werden schon nicht mehr in der neuen Version von »Elektronengehirnen« vorgestellt, sie sind leibhaftig wiedergekehrt und bedienen sich lediglich solcher Apparate, wobei sie auf »Modernität« Wert legen. So führt der Konkurrenzdruck, der anderswo in eine Qualitätsauslese umschlägt, zur »erotischen und rationalen« Enthemmung.

Loyalerweise muß zugegeben werden, daß es eher die schlechteren Autoren sind, die sich des Sex als Zutat bedienen. Zweifellos gibt es in der Science Fiction eine breite Streuung der Talente, und wir müssen uns fragen, ob wir nicht mit dem ganzen Vergleich, auf dem wir unsere Beurteilung aufgebaut haben, gleichsam die Balzacs und Dostojewskis für die Vergehen viertrangiger Schreiberlinge verantwortlich machen. Indessen zeichnet sich diese so geschlossene Gattung gerade dadurch aus, daß Werke von sehr unterschiedlichem künstlerischem Rang definitiv nicht auseinanderzuhalten sind. Es ist, wie man weiß, undenkbar, daß Eliot und

Courths-Mahler nebeneinander in ein und derselben literarischen Zeitschrift erscheinen würden. Hingegen stecken die schlechtesten und die besten »Phantasten« nebeneinander zwischen ein und denselben farbigen Einbänden und kommen in ein und denselben »pocket«-Reihen heraus. Eine solche Nachbarschaft macht auf den, der zum ersten Mal damit in Berührung kommt, einen eher verblüffenden Eindruck. Doch gerade das bringt uns zu der Überzeugung, daß alle derartigen Werke in einer eigentümlich »verdurchschnittlichenden« Verwandtschaft zusammengehören, durch welche die besten unterhalb und die schlechtesten oberhalb ihres eigenen Wertes eingestuft werden, weil die phantastische Konvention sich gegen die jeweilige Individualität des Autors durchsetzt. Der Durchschnittsleser, der von den seltenen, aber dennoch existierenden Romanen, die eine Vision beinhalten, ohne mit der Wimper zu zucken zu Albernheiten übergeht, in denen die Primitivität der Erzählweise mit der Unsinnigkeit des Handlungsaufbaus wetteifert, scheint jedenfalls eine in höchstem Maße rätselhafte Person zu sein. Erneut drängt sich unwillkürlich die Parallele des moralischen Verfalls auf, denn der betrunkene Raufbold, der torkelnd zum Bordell strebt, und der erlesene Aristokrat, der sich bei einer glanzvollen Kurtisane aufhält, suchen recht ähnliche Erlebnisse. Von dieser Seite betrachtet, enthüllt sich die Zweideutigkeit einer Gattung, die von Problemen geradezu beladen sein sollte, besonders kraß. Einige »Anhänger mit Vorbehalten« betrachten die Science Fiction als eine Art von belletristisch gestaltetem Essay, bei dem die abenteuerliche Form ein Zuckerguß ist, der den intellektuellen Inhalt einer Unzahl von Hypothesen versüßt, die in Dialogpassagen und Kommentare des Autors aufgeteilt sind. Dieser intellektuelle Inhalt wird jedoch – ungeachtet seiner Qualität, die in der Regel zweifelhaft ist – nie künstlerisch in die Erzählung einbezogen, sondern als ein Ballast von ihr mitgeschleppt, kaum, daß er in das Schema von Erklärungen und Gesprächen verpackt wird. Sehr charakteristisch ist, wie ich glaube, der Versuch, das Werk für eine gewissenhafte Zusammenfassung zu komprimieren; bei hervorragenden Werken wirkt jede Zusammenfassung gegenüber dem Original hilflos, ja sogar lächerlich (Thomas Manns *Doktor Faustus:* »Ein Komponist holte sich in jungen Jahren die Syphilis und deshalb komponierte er zunächst, bevor er verrückt wurde«). SF-Schöpfungen lassen sich indessen sehr gut zusammenfassen, was indirekte Erscheinungen von der Art des »Goldfiebers« hervorruft: Jedes Werk, das sich wie etwa Heinleins *The Puppet Masters* durch Originalität auszeichnet, zieht sofort Nachahmer an, deren Herden das Thema bis zur Unmöglichkeit zertrampeln, wobei sie – und das ist für uns hier von größtem Interesse – nicht nur sich selbst kompromittieren, sondern teilweise auch das Vorbild, da in ihren Versionen die Konzeption des Buches, an dem sie sich orientieren, aufgedeckt und auf das Handlungsskelett reduziert wird, so daß all seine Schwächen zutage treten. Ein Faulkner oder Kafka ist unmöglich in dieser Weise auszubeuten. Schöpfungen, die sich vom Werk dieser beiden Autoren inspirieren lassen, zerfallen eindeutig in wertlose Manieriertheiten einerseits und andererseits solche, die bereits ihre eigene Autonomie haben und mit dem Vorbild nur sehr lose zusammenhängen.

Das zweite »physikalische Gesetz« in literarischer Version ist die Trägheit. Thematisch steckt die SF im 30., erzählerisch im 19. Jahrhundert. Sie verwendet eine vor-tolstoische Psychologie und klassische Handlungsschemata – klassisch auch im Sinne des 19. Jahrhunderts, weil damals das mechanische Modell der Erscheinungen und die deterministische Verknüpfung von Ursachen und Wirkungen geschaffen wurde. Während die Science Fiction als avantgardistische Spitze der Gegenwart voraus sein soll, ist sie dennoch, aus dem Schatz vorgefundener Formen schöpfend und vom künstlerischen Kredit der »normalen«, allerdings ältlichen Literatur lebend, rückständig und geradezu konservativ. Am besten ist vielleicht noch jene Science Fiction, die sich selbst verspottet, doch muß man, um derartige Schöpfungen beurteilen zu können, wiederum eine Unzahl von verspotteten kennen – und dann stellt sich heraus, daß selbst für ein Pamphlet nicht so sehr die reale Welt als vielmehr das Ghetto der Gattung den Bezugspunkt abgibt. Sie kennt nicht den Ausweg aus der Halbwelt in die Welt. Die Science Fiction ist innerlich unreif und zugleich verfrüht durch einen mechanischen Professionalismus gepanzert – wie ein Flittchen, das mehr Erfahrungen vortäuscht, als es wirklich hat, für das nicht nur die Tugend, sondern auch das Erwachsensein ein Schein ist, eine zuweilen zynische, zuweilen aber auch – das sei zugegeben – recht verzweifelte Verstellung.

Der Loyalität halber sei gesagt, daß die Mehrheit der Schöpfungen der »gewöhnlichen« amerikanischen Prosa gefühlsselige Hintertreppenromanzen sind, die sich in Cadillacs abspielen und deren Autoren den gemeinen Soldaten der SF an Intelligenz und Wissen unterlegen sind. Die leicht komische und leicht höhnische Paradoxie der Situation ist jedoch die, daß jeder, der in der »zeitgenössischen« Konkurrenz ein Buch startet, gewissermaßen von vornherein mit dem Privileg des »Marschallstabs im Tornister« versehen wird. Man weiß nicht, wie weit er mit seinem Buch kommt, aber prinzipiell verwehrt ihm niemand und nichts, daß er – vielleicht nach Jahren – in die Weltspitze der Schriftsteller gelangt. Die Situation ist also offen, im Gegensatz zum geschlossenen Ghetto der SF, denn wenn man dort startet, kann man lediglich dieselben Dollars verdienen wie in jedem anderen Fach, nicht aber denselben Ruhm. Die Science Fiction ist keine gewöhnliche Straßendirne, denn da sie nicht ohne Charme, Scharfsinn und Witz ist, verhält sie sich durchaus vorbildlich, wie ein Callgirl von großer Klasse, das sich von den modernsten Schneidern einkleiden läßt und sogar bei Cocktailempfängen über Philosophie zu reden versteht, weil der exklusive Status das verlangt. Doch man weiß sehr gut, daß es dabei nicht um irgendeine Philosophie geht, daß man mit ihr nicht ernstliche entscheidende Dinge über Sein oder Nichtsein unserer Art unter vier Augen besprechen wird, denn dafür wurde sie nicht bestellt. Gegen nichts stachelt sie uns auf, zu nichts überredet sie uns, im Unterschied zum »Callgirl« ruft sie keine Regung hervor, und obgleich sie in einer glänzenden Maschine vorfuhr und ebenso elegant in ihr fortfährt, wird sie, wenn sie an der Ecke eine ihrer minderwertigeren Kolleginnen erblickt, die weder die Mittel haben noch Wert darauf legen, den Schein zu wahren, einen brennenden Funken der Reue empfinden nach jenem verlorenen Paradies ihrer mit Mut erfüllten, die Welt herausfordernden, naiven Jungfernschaft, die nur noch eine Erinnerung ist, eine nicht wieder einholbare Vergangenheit, weil es in der Literatur wie im Leben unumkehrbare Prozesse gibt.

Deshalb kann sich die Literatur ohne zusätzliche Bestimmungen all das erlauben, was die Science Fiction in ihrer zweideutigen Situation nicht zu tun wagt; angefangen damit, daß die Literatur sich traut, Probleme zu formulieren und selbst solche Fragen zu stellen, auf die sie keine Antwort hat (die Science Fiction verhält sich nicht so), und damit endend, daß nur die Literatur – wie eine große Dame – dank ihrer untadeligen Position zuweilen auch ein starkes Wort gebrauchen kann, was für eine Person in exponierter Lage verhängnisvoll wäre. Denn derartige Worte wird man in der SF nicht finden, und wenn man Gott weiß wie danach suchen würde.

Das Buch, das ich mit dieser – den Leser vielleicht überraschenden – Einleitung versehe, entstand gerade in den ersten, jugendlichen, jungfräulichen Lebensjahren der Science Fiction. Verfaßt von einem jungen Burschen von 28 Jahren, erschien es, als ich zwei Jahre alt war, und so brauche ich nicht zu erklären, warum ich es damals nicht las. Aber durch welche erstaunliche Frische, die gewiß naiv, aber eben dadurch berückend ist, hebt es sich von dem großen, angeschmutzten Hintergrund unserer zeitgenössischen, professionalisierten Phantastik ab! An ihm sieht man, wie sehr in jenem Beginn noch alles möglich war, wie nichts determiniert war – es war einfach ein Abenteuer des Geistes, der von der Existenz seiner Börsennotierungen auf den Buchmärkten nichts wußte. Als ich 14 oder 16 Jahre alt und Gymnasiast war, erfuhr ich aus den »Wiadomości Literackie« (Literarische Nachrichten), daß Słonimski Nachfolger von Prus bei den »Kroniki tygodniowe« (Wochenchronik) war, und es muß 1939 gewesen sein, als ich in Fragmenten seinen phantastischen Roman *Dwa końce świata* las, ohne zu wissen, daß er ein gutes Dutzend Jahre früher *Torpedu czasu* geschrieben hatte. Über Słonimski hieß es, ebenfalls in den »Wiadomości«, er sei nicht nur ein Anhänger, sondern auch ein Schüler von Wells; läßt man die in seiner Essayistik oder in den »Kroniki« veröffentlichten Ansichten einmal außer acht, wäre ich nicht bereit, diese Auffassung zu unterschreiben. Als Verfasser des *Torpeda* erwies er sich, um es kurz zu machen, als Antiutopist, wohl als einer der ersten, denn dieses Buch enthält in einer (was das »Dekor« betrifft) recht konformistischen Form einen äußerst nonkonformistischen Inhalt. Bei Wells herrschte eine ganz eigentümliche Mischung von Rationalismus und Utopie, wobei mal – etwa im *Krieg der Welten* – der erstere, mal – etwa in *Menschen wie Götter* – die letztere die Oberhand gewann. Die verborgenen Stachel des *Torpeda* sind hingegen konsequent bis zum Ende rein rationalistische. Dabei ist dieses Buch nicht Ausdruck einer Enttäuschung über die bloß schlechte Natur des Menschen und der Welt, nicht Ausdruck jenes hysterischen Wunsches, Wunschträume zu schmähen, die bei der Realisierung aus den Fugen geraten sind, wie es bei den »schwarzen Antiutopien« verschiedener Orwells der Fall ist. Es ist ein erstaunlich gelassenes, sachliches, überaus zurückhaltendes Buch, und es führt uns – zumindest auf den ersten Blick – nach der Wellsschen eine weitere Variante der »Zeitmaschine« vor, einer Reise gegen den Strom der Ereignisse. Doch wiederum ist die Ähnlichkeit nur eine fragmentarische, denn Słonimski übernahm von seinem großen Vorläufer nur den Rahmen, nur die Startblöcke, weil er – nach vorn blickend – nichts prophezeien wollte, sondern uns lediglich nach Art Voltaires eine Geschichte erzählt, die darauf hinausläuft, daß der Versuch, mit instrumentellen Mitteln den Lauf der historischen Entwicklung zu ändern, die Menschheit durch die Anwendung von unsagbar machtvollen Erfindungen zu beglücken, schon im Ansatz zum Scheitern verurteilt ist. Gewiß kann man mit solchen Mitteln das eine oder andere Unglück verhindern, doch wird man gleichzeitig – und ohne es zu wollen – ebensoviel oder noch mehr menschliches Unglück und Leid einer etwas anderen, aber verwandten Art hervorrufen. Es könnte der Eindruck entstehen, als sei dieses Buch, das gewissermaßen ein Programm der »Unmöglichkeit der Verbesserung« verkündet, pessimistisch. Das stimmt nicht; es ist lediglich klug, weil es deutlich macht, auf welche

Weise man hohe Ziele *nicht* erreichen kann. Die Reise des Professors Pankton ist so etwas wie ein Abenteuer in einer »Zeitschleife« (die Handlung spielt in der Zeit vor der Geburt des Helden), ein Mittel, das in der SF unzählige Male benutzt wurde. Nie allerdings – und das ist interessant und bemerkenswert – für Zwecke, wie sie Słonimski vorschwebten. Ich sagte, das sei bemerkenswert, denn die erste Regel der professionellen Autoren besteht darin, verbissen aus jedem Thema ein Maximum an kombinatorischen Möglichkeiten herauszupressen. Es erhebt sich deshalb die Frage, warum sie die Version, die der *Torpeda czasu* bringt, übersehen haben. Ich kenne die Antwort. Die aus dem Pragmatismus hervorgegangene amerikanische Science Fiction befaßte sich zunächst mit einer Apologie des Tuns, um dann zum entgegengesetzten Pol überzugehen und den Schrecken der Maschinen-Apokalypse zu verkünden. Leider kam es jedoch den Amerikanern nie in den Sinn, daß das Tun selbst als Apokalypse unwirksam sein könnte. Deshalb wird in ihren Werken jede gestellte Aufgabe am Ende gelöst, und koste es auch die ganze Menschheit das Leben. Wie abgedroschen dieser Dämonismus ist und wie wenig er mit der realen Geschichte gemein hat, kann die Science Fiction sich nicht bewußt machen. Nebenbei gesagt, rächt sich der Verzicht darauf, über- oder außerinstrumentelle Phänomene zu untersuchen, in einem breiten Spektrum von Konsequenzen; so sind beispielsweise sämtliche Roboter und ganze Heerscharen von Elektronengehirnen, welche die SF bevölkern, nicht nur nicht genial, sondern sie besitzen für uns überhaupt nicht die psychologischen Merkmale einer funktionierenden Intelligenz, denn wenn sie tatsächlich zu »Persönlichkeiten« werden sollten, müßte aus ihnen schließlich irgendeine »Metaphysik« hervorgehen. Doch die SF war blind für eine solche Problematik, weil sie die Antriebe der Erscheinungen stets eher in den Instumenten als in den Menschen sucht, im Technologischen und nicht im Psychologischen oder Sozialen, in dem, was den Gang der Geschichte bestimmt. Mal kommen die Technologen und ihre Früchte dem Menschen zu Hilfe, mal treten sie gegen ihn auf, aber sie werden nicht von außen her aus der anthropologischen Distanz beurteilt (und alle Versuche, diesen Bereich zu betreten, enden in jämmerlichen Karrikaturen, in totaler Plattheit, schließlich in einer derart naiven Rührseligkeit, die mit geistig derart hilflosen Appellen an irgendwelche polytheistischen Gottheiten gepaart ist, daß einen das Grauen packt).

Man muß sagen, daß der *Torpeda czasu* ein eindeutiges Argument gegen die Auffassung jener ist, die seinerzeit in Słonimski einen folgsamen Schüler von Wells sehen wollten, namentlich jener Tendenz der Bücher des großen Engländers, die apologetisch dem instrumentellen Handeln alle Möglichkeiten zuschreibt. Das vorliegende Buch tritt dieser Tendenz im allerbreitesten, nämlich auf die Menschheitsgeschichte bezogenen Sinne entgegen und fordert sie heraus – aus der Position eines Rationalismus heraus, der nicht so sehr das Handeln als vielmehr die Naivität oder schlicht die Dummheit bloßstellt, von der dieses Handeln ausgeht.

Gewiß enthält der *Torpeda czasu* außer dieser geschichtsphilosophischen und allgemeinen Einstellung zahlreiche, einfach abenteuerliche Elemente, die, der Jugend der phantastischen Gattung entsprechend, noch unbefleckt und, wie schon gesagt, beinahe jungfräulich wirken. Auf dieser gewissermaßen erfinderisch-phantasierenden Ebene ist der *Torpeda* denn auch stellenweise ein wenig anachronistisch (nicht anders übrigens als zahlreiche Flugmaschinen und Ballons von Wells), doch gerade dieser Anachronismus hat einen eigentümlichen Reiz, ähnlich wie die technisch-optimistischen Visionen mancher Illustratoren der Ende des letzten Jahrhunderts erschienenen Werke von Verne oder Wells. Und schließlich ist das Buch – eine ebenso interessante wie seltene Erscheinung – als erzählte Geschichte um so weniger originell und um so stereotyper, je kleinere Fragmente man untersucht, je näher man an seine beschreibende Oberfläche herangeht und sich von dem ganzheitlichen Standpunkt des Autors entfernt, von dem aus es geschrieben wurde. Bei der heutigen Science Fiction treffen wir nämlich auf die genau entgegengesetzte Situation: Hier ist dem Autor die allgemeine Position, die generelle Konzeption im Sinne einer verstehenden und wertenden Haltung vorgegeben, sie stammt aus soundsovielter Hand, sie ist eine leblose, steife Marionette, ein ausgestopfter Leichnam, und bei Licht besehen ist sie ein verdünnter Aufguß alles dessen, was sich von den philosophischen Strömungen der letzten zwei Jahrhunderte in den geläufigen Anschauungen erhalten hat, so daß alles, was in ihrem Gedankenreich vorkommt, eine Primitivversion der Psychoanalyse, der Anthropologie, der Religionswissenschaft, der Philosophie des Menschen usw. darstellt. Im Detail des Erzählmechanismus ist die SF dagegen durchaus auf der Höhe, hier macht sich die langwierige und verbissene Konkurrenz unter den Schriftstellern positiv bemerkbar; die Abenteuer-Tischlerei muß reelle Arbeit sein, weil der Lektor jede Pfuscharbeit erkennt und das Manuskript in den Papierkorb wirft. Natürlich gibt es in der SF schematische Situationen, doch stammen diese Schemata aus der Gegenwart, anders als in diesem Buch. Das Schematische an seinen Gestalten hat seinen Reiz – den des 19. Jahrhunderts –, und er beruht auf einer inzwischen überholten Konvention zwischen dem Autor und seinen Lesern; der Professor muß nach Möglichkeit hochbetagt sein, der Reporter schneidig und von amerikanischem Draufgängertum, aber zugleich mit einer Nase fürs Geschäft, die Jungfrau geradezu wundervoll und im höchsten Grade unschuldig. Das Buch ist deshalb auf der Ebene solcher literarischen Motive ein wenig angegilbt, doch das hat seinen Charme, seine Grazie, die zugleich etwas Anachronistisch-Belustigendes und Ernsthaft-Rührendes enthält, weil alles dort sehr feierlich, redlich, bedächtig zugeht. Schon der Name der Heldin, Haydnée, ist eine geradezu phänomenale Rekapitulation, geradezu das Symbol eines ganzen Kapitels bestimmter Romanformen, bestimmter Konventionen, die an de l'Isle-Adam (der sich ebenfalls mit der Phantastik beschäftigte und heute in seinem Lande eine gewisse Renaissance erlebt!) und noch weiter zurückliegende Autoren denken lassen; die Konventionen dieser Literatur hatten etwas derart Ehrwürdiges, daß sie heute, da der letzte Lebensatem aus ihnen entwichen ist, nicht zu Staub zerfallen sind, weil sie gewissermaßen auf einer anderen Ebene durch eine von anderswo herbeieilende Kraft gerettet wurden: den Glauben oder den Ernst des Autors, die Redlichkeit der von den Miasmen der Moderne noch nicht mit Skepsis durchtränkten Schöpfer des 19. Jahrhunderts, jene Tugenden, die bei der Geburt ihrer Helden Pate standen. Auf verwickelte Weise versuche ich zum Kern eines Phänomens zu gelangen, das ich nicht recht begreife, weil es schwierig festzustellen ist, warum die im 19. Jahrhundert entstandenen geachteten schriftstellerischen Konventionen, obwohl sie sichtlich gealtert sind, ihre spezifische Würde bewahren können, eine Würde, die man schlicht als menschliche Würde bezeichnen könnte, während die heutigen Konventionen, die nur wenige Jahre alt sind, unter dem Druck der Massenproduktion einer beschleunigten Überreife zugeführt, zusammen mit der Aktualität der herrschenden Mode jeglichen Rückhalt verlieren und dem Schicksal der Science Fiction-Magazine in ihren farbig glänzenden Einbänden entgegengehen, die ebenso bunt und glänzend sind wie die Verpackungen anderer Waren, welche auf dem Müll landen, wenn der Konsum beendet ist.

Ich vermute, daß der *Torpeda czasu* auf dem amerikanischen Markt schlecht aufgenommen würde, und zwar nicht, weil er auf der »erfinderischen« Ebene ein wenig anachronistisch ist, sondern weil er eines der fundamentalen Kriterien jeder »story« nicht erfüllt. Denn eine solche »story« MUSS unbedingt die belletristische Umsetzung eines gewissen EINFALLS sein, wohingegen der *Torpeda czasu* uns statt dessen einen bestimmten GEDANKEN präsentiert – und das eine ist mit dem anderen nicht identisch. Es gibt keinen »Einfall« in diesem Buch, das weder eine Apologie noch eine Apokalypse des Handelns ist, weil es aus einem distanzierenden Abstand heraus dessen VERGEBLICHKEIT in einer geschichtsphilosophisch begründeten Situation zeigt. Man muß deshalb annehmen, daß der *Torpeda* in der Konkurrenz den Produkten der fachmännischen, professionell-effizienten Sciende Fiction unterliegen würde – aber ich brauche wohl nicht zu erklären, was ein solches Urteil bedeutet.

Krakau, Juli 1966

Originaltitel

Tzvetan Todorovs Theorie des Phantastischen (Tzvetana Todorova fantastyczna teoria literatury)
Über Inkonsequenzen in der Literatur (O niekonsekwencji w literaturze)
Bekenntnisse eines Antisemioten (Wyznania antysemioty)
Sade und die Spieltheorie (Markiz w grafie)
Nachwort zu Stefan Grabiński »Das Abstellgleis« (Posłowie do »Niesamowitych opowieści« S. Grabińskiego)
Nachwort zu Philip K. Dick »Ubik« (Posłowie do »Ubika« Ph. Dicka)
Nachwort zu H. G. Wells »Der Krieg der Welten« (Posłowie do »Wojny swiatów« H. G. Wellsa)
Lolita oder Stawrogin und Beatrice (Lolita czyli Stawrogin i Beatrycze)
Vorwort zu A. Słonimski »Torpedy czasu« (Przedmowa do »Torpedy czasu« A. Słonimskiego)
Teilsammlung aus: Essays (*Rozprawy i szkize*). Übersetzt von Friedrich Griese. Frankfurt am Main

Verzeichnis
der suhrkamp taschenbücher

Eine Auswahl

Achternbusch: Alexanderschlacht 61
– Der Depp 898
– Servus Bayern 937
Adorno: Erziehung zur Mündigkeit 11
– Versuch, das ›Endspiel‹ zu verstehen 72
Alain: Die Pflicht, glücklich zu sein 859
Anders: Erzählungen. Fröhliche Philosophie 432
Ansprüche. Verständigungstexte von Frauen 887
Artmann: How much, schatzi? 136
– The Best of H. C. Artmann 275
Bachmann: Malina 641
Ball: Hermann Hesse 385
Ballard: Der ewige Tag 727
– Das Katastrophengebiet 924
Barnet: Der Cimarrón 346
Becher, Martin Roda: An den Grenzen des Staunens 915
Becker, Jurek: Irreführung der Behörden 271
– Jakob der Lügner 774
Beckett: Das letzte Band (dreisprachig) 200
– Endspiel (dreisprachig) 171
– Mercier und Camier 943
– Warten auf Godot (dreisprachig) 1
Bell: Virginia Woolf 753
Benjamin: Deutsche Menschen 970
– Illuminationen 345
Bernhard: Das Kalkwerk 128
– Frost 47
– Salzburger Stücke 257
Bertaux: Hölderlin 686
Bierce: Das Spukhaus 365
Bioy Casares:
– Die fremde Dienerin 962
– Morels Erfindung 939
Blackwood: Besuch von Drüben 411
– Das leere Haus 30
Blatter: Zunehmendes Heimweh 649
– Love me tender 883
Böni: Ein Wanderer im Alpenregen 671
Brasch: Der schöne 27. September 903
Braun, J. u. G.: Conviva Ludibundus 748
– Der Irrtum des Großen Zauberers 807
Braun, Volker: Das ungezwungene Leben Kasts 546
– Gedichte 499
Brecht: Frühe Stücke 201
– Gedichte 251
– Gedichte für Städtebewohner 640
– Geschichten von Herrn Keuner 16
– Schriften zur Gesellschaft 199
Brecht in Augsburg 297
Bertolt Brechts Dreigroschenbuch 87
Brentano: Theodor Chindler 892
Broch, Hermann: Werkausgabe in 17 Bdn.,
Buch: Jammerschoner 815
Carossa: Ungleiche Welten 521
– Der Arzt Gion 821

2/1/6.84

2/2/6.84

2/4/6.84

2/5/6.84

2/6/6.84